Vorwort

Mit dem Begriff Rechnungswesen assoziieren die meisten Menschen langweilige Zahlen und komplizierte Formeln. Für viele ist dieses Teilgebiet der Betriebswirtschaftslehre daher nur ein notwendiges Übel, das sie für ihre Ausbildung, ihr Studium und ihren Beruf lernen müssen. Rechnungswesen ist jedoch viel mehr als trockene Rechenkunst für Zahlenschieber. Ohne Rechnungswesen könnte ein Unternehmen nicht existieren, wäre eine sinnvolle Unternehmensstrategie unmöglich, wäre ein Unternehmen nicht planbar.

Dieser TaschenGuide macht den Einstieg in die komplexe Materie einfach. Anhand vieler Beispiele und Übersichten erfahren Sie alles Wissenswerte zu den zentralen Bereichen des Rechnungswesens: die Buchführung, die Kosten- und Leistungsrechnung und die Planung. Ebenso erklärt er Grundbegriffe der Betriebswirtschaftslehre, die auch im Rechnungswesen eine wichtige Rolle spielen. Und da es ganz ohne Mathematik nicht geht, werden darüber hinaus alle wichtigen kaufmännischen Rechenarten dargestellt. Ein Kapitel dieses Buches beschäftigt sich mit der EDV-gestützten Buchführung am Beispiel des »Lexware Financial Office«. Eine kostenlose Demo-DVD dieses Programms können Sie unter schulen@lexware.de mit Ihrer vollständigen Postadresse anfordern.

Wolfgang Britt

Teil 1: Die Betriebs-wirtschaftslehre

Das Rechnungswesen ist keine isolierte Angelegenheit, sondern ein Teil der Betriebswirtschaftslehre (BWL), die sich mit allen Vorgängen im Betrieb beschäftigt. Um das Rechnungswesen zu verstehen, ist es daher wichtig, die grundlegenden Wirtschafts- und die mit ihnen in Zusammenhang stehenden Rechtsbegriffe zu kennen.

Der Begriff »Wirtschaften«

Das Wort Betriebswirtschaftslehre setzt sich aus zwei Wörtern zusammen, nämlich »Betrieb« und »Wirtschaft«. Aus den beiden Begriffen lassen sich Tätigkeiten ableiten: aus »Betrieb« bzw. »betreiben« die Tätigkeit, etwas zu produzieren, und aus dem Wort »Wirtschaft« bzw. »wirtschaften« die Tätigkeit des ökonomischen Handelns oder des Haushaltens mit knappen Gütern. Wobei sich der Begriff »Ökonomie« seinerseits von »oikos« (griechisch für »Haus«) ableitet.

Neben dem bloßen Wirtschaften spielt heute der Faktor Zeit eine immer größere Rolle: So soll der Auftrag, etwas zu produzieren, nicht nur gut und wirtschaftlich, sondern auch innerhalb kürzester Zeit erledigt werden. Damit dabei die Qualität nicht auf der Strecke bleibt, sind sorgfältige Planung und eine Kontrolle notwendig.

Bedürfnis und Bedarf

Ein Bedürfnis ist ein Mangelgefühl, das mit dem Wunsch verbunden ist, diesen Mangel zu beseitigen. Der amerikanische Psychologe Abraham Harold Maslow (1908–1970) unterschied nach Existenz-, Kultur- und Luxusbedürfnissen. In welche Kategorie die verschiedenen Bedürfnisse eingeordnet werden, hängt zum einen von den tatsächlichen Notwendigkeiten ab, zum anderen aber auch vom Geldbeutel und den persönlichen Einstellungen der einzelnen Menschen.

Bedürfnisse sind die Ursache für die wirtschaftliche Tätigkeit der Menschen. Die unbegrenzten Bedürfnisse stehen dabei den begrenzten Geldmitteln gegenüber. Die Bedürfnisse, die sich mit den eigenen Geldmitteln befriedigen lassen, werden als Bedarf bezeichnet. Bedarf ist also ein mit Kaufkraft ausgestattetes Bedürfnis. Kommt der Kaufwille noch hinzu, so wird daraus am Markt die Nachfrage.

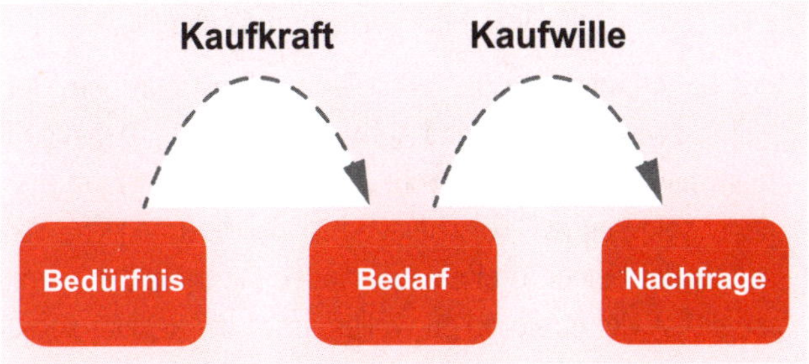

Vom Bedürfnis zur Nachfrage

Das ökonomische Prinzip

Unsere Bedürfnisse sind unbegrenzt, während die Güter, mit denen unsere Bedürfnisse befriedigt werden können, nur begrenzt vorkommen. Wirtschaften heißt: Entscheidungen zu treffen, wie das Spannungsfeld zwischen unbegrenzten Bedürfnissen und begrenzten Gütern gelöst werden kann.

Dabei werden grundsätzlich drei Prinzipien des Wirtschaftens unterschieden:

- Das Minimalprinzip: Dabei soll ein vorgegebenes Ziel mit möglichst wenig Mitteln erreicht werden.
- Ein Beispiel: Eine Maschine soll wieder funktionsfähig gemacht werden (Ziel). Die Reparatur soll so wenig wie möglich kosten.
- Das Maximalprinzip: Mit vorgegebenen Mitteln, z. B. 100 EUR, soll ein möglichst großer Ertrag bzw. Nutzen erzielt werden, z. B. möglichst viel von einer Sache einzukaufen.
- Das Optimumprinzip: Hier wird ein möglichst günstiges Verhältnis zwischen Ertrag und Aufwand angestrebt. Dabei geht man davon aus, dass sowohl Aufwand als auch Ertrag variabel sein können. Entscheidend ist das bestmögliche Verhältnis der beiden Größen zueinander. Mit möglichst wenig möglichst viel erreichen zu wollen, ist in der Realität so gut wie nie möglich.

BEISPIEL

Ein Einkäufer der Textilindustrie wählt die T-Shirts aus, deren Einkaufspreis am günstigsten ist und die aufgrund guter Qualität am teuersten weiterzuverkaufen sind.

Unternehmung, Unternehmen und Betrieb

In der Betriebswirtschaftslehre wird zwischen Unternehmen, auch Unternehmung genannt, und Betrieb unterschieden. Ein Unternehmen nimmt mit dem Firmennamen am Wirtschaftsleben teil. Aus dem Wort Unternehmen lässt sich ableiten: »etwas unternehmen«. In der BWL ist ein Unternehmen der rechtliche und finanzielle Rahmen, in dem die betriebliche Arbeit geleistet wird.

Der Betrieb (vom Wort »betreiben«) ist die Produktionsstätte, in dem die betriebliche Arbeit geleistet wird. Ein Betrieb ist für sich genommen unselbstständig und hat das Unternehmen als Organisation.

Ein Unternehmen kann mehrere Betriebe haben, ein Betrieb hingegen nur ein Unternehmen.

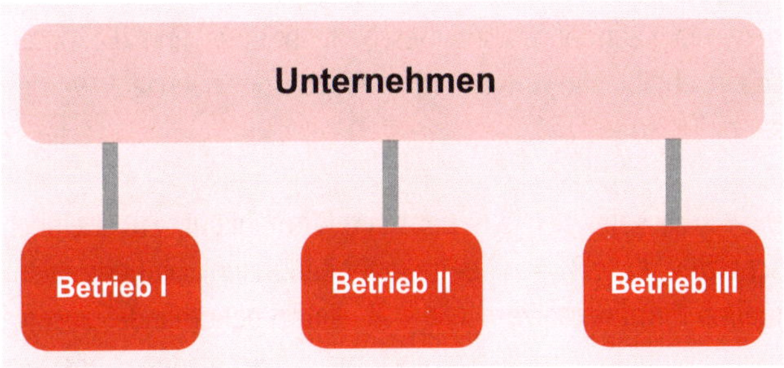

Beziehung zwischen Betrieb und Unternehmen

Kaufmann

Nach dem Handelsgesetzbuch (§ 1 HGB) ist Kaufmann derjenige, der ein Handelsgewerbe, also einen Gewerbebetrieb, betreibt. Er muss sich in das Handelsregister eintragen lassen. Kapitalgesellschaften wie die GmbH oder die Aktiengesellschaft (AG) sind sog. Formkaufleute. Sie gelten als Kaufmann kraft ihrer Rechtsform, unabhängig davon, ob sie ein Handelsgewerbe betreiben oder nicht. Für Kaufleute gilt das Handelsgesetzbuch, das strengere Regelungen enthält als das Bürgerliche Gesetzbuch.

Firma

Wenn jemand sagt: »Ich gehe in die Firma!«, so versteht zwar jeder, was gemeint ist. Genau genommen ist das jedoch falsch. Korrekt wäre es, vom Unternehmen oder dem Betrieb zu sprechen, denn die Firma ist rechtlich gesehen der Name, unter dem ein Kaufmann seine Geschäfte betreibt und die Unterschrift abgibt und unter dem er klagen oder verklagt werden kann.

Die Firma setzt sich aus dem sog. Firmenkern, z. B. Heinrich Schulze e. K. (e. k. = eingetragener Kaufmann), und den eventuellen Firmenzusätzen, wie z. B. Autozubehörhandel zusammen. Es gibt im Rechtlichen auch die Unterscheidung zwischen

- der Personenfirma, wie z. B. bei »Anton Meier OHG« oder »Manfred Schmidt KG«, bei der der Name und Vorname des Kaufmanns Verwendung finden,
- der Sachfirma, wie z. B. bei Metallbau e. K., und
- der Phantasiefirma, wie z. B. Coca Cola GmbH, 1-2-3 fly GmbH, und
- einer gemischten Firma, die Elemente aus Sach-, Personen- und Phantasiefirmen enthalten kann.

Handelsregister

Wer ein Handelsgewerbe betreibt, dies sind Kaufleute und Handelsgesellschaften wie die offene Handelsgesellschaft oder die Kommanditgesellschaft, muss sich in das Handelsregister eintragen lassen. Das Unternehmen wird dann dort mit dem Firmennamen eingetragen. Geführt wird das Handelsregister beim Registergericht, das bei Amtsgerichten angesiedelt ist. Für die Eintragung gibt es im Handelsregister verschiedene Abteilungen, und zwar die Abteilung A für Einzelunternehmen und Personengesellschaften sowie die Abteilung B für Kapitalgesellschaften, z. B. AG und GmbH. Für die Genossenschaften gibt es das Genossenschaftsregister. Jeder hat das Recht, bei berechtigtem Interesse die eingereichten Schriftstücke im Register einzusehen und gegen Gebühr Abschriften zu verlangen. Die Eintragungen in das Register werden im Bundesanzeiger und in einer Tageszeitung veröffentlicht. Man unterscheidet konstitutive und deklaratorische Eintragungen:

- Konstitutive Eintragungen sind rechtserzeugend. Dies betrifft z. B. die Formkaufleute, zu denen Kapitalgesellschaften wie GmbH und AG gehören. Sie existieren rechtlich erst, nachdem sie ins Handelsregister eingetragen wurden.
- Deklaratorische Eintragungen hingegen sind rechtsbekundend. Dies betrifft z. B. Istkaufleute (Einzelunternehmen und Personengesellschaften) und die Erteilung der Prokura. Sie haben bereits mit der Gründung bzw. Erteilung der Prokura ihre Gültigkeit, sie werden nur noch eingetragen.

Firmengrundsätze

Für eine Firma gelten folgende Grundsätze:

- Unterscheidungskraft: Jede neue Firma muss sich von anderen Firmen deutlich unterscheiden – bei Namensgleichheiten gegebenenfalls durch Firmenzusätze.
- Firmeneinheit: Ein und dasselbe Unternehmen darf nur unter einer im Handelsregister eingetragenen Firma geführt werden.
- Firmenöffentlichkeit: Der Kaufmann muss seine Firma und den Ort seines Geschäftes im Handelsregister eintragen lassen.
- Firmenwahrheit: Die Firma darf keine Angaben enthalten, die über die geschäftlichen Verhältnisse irreführen können. Bei der Gründung muss eine Personenfirma mit den bürgerlichen Namen des oder der Inhaber übereinstimmen. Die angegebenen Geschäftsverhältnisse, z. B. das eingebrachte Kapital oder/und Sachwerte, müssen mit den Belegen übereinstimmen, z. B. Kontoauszüge, Grundbuchänderungen u. a.
- Firmenbeständigkeit: Der Erbe oder Käufer eines Unternehmens kann mit der Genehmigung aller Erben oder der bisherigen Inhaber den alten Firmennamen fortführen.

Rechtsformen der Unternehmen

Welche Rechtsform ein Unternehmen bekleidet, hat vielfältige Auswirkungen in rechtlicher, steuerlicher und wirtschaftlicher Hinsicht.

Das Einzelunternehmen

Ein Einzelunternehmer agiert, wie der Name schon sagt, allein und haftet persönlich für all seine Verbindlichkeiten.

Gründung	§ 18 HGB: Die Gründung erfolgt formlos. Bei einem Handelsgewerbe nach § 1 HGB, das in kaufmännischem Umfang betrieben wird, ist eine Eintragung in das Handelsregister Abt. A erforderlich.
Firma	Die Firma kann Personen-, Sach-, Phantasie- oder gemischte Firma sein. Ist der Einzelunternehmer im Handelsregister eingetragen, muss er den Rechtsformzusatz »eingetragene Kauffrau«, »eingetragener Kaufmann« oder deren Abkürzung »e.K.«, »e. Kfr.« oder »e. Kfm.« in der Firma führen.
Kapital	Das Eigenkapital wird vom Einzelunternehmer alleine aufgebracht. Die Eigenkapitalaufstockung richtet sich nach den Vermögensverhältnissen des Unternehmers. Sie wird im Wesentlichen aus dem Gewinn erbracht.
Fremdkapital	Die Aufnahme von Fremdkapital hängt von der Kreditwürdigkeit des Unternehmens ab, die von den Banken beurteilt wird.
Haftung	Der Einzelunternehmer haftet für die Verbindlichkeiten seines Unternehmens allein und unbeschränkt, d. h. auch mit seinem Privatvermögen.

Geschäfts-führung	Der Einzelunternehmer trifft alle Entscheidungen selbst und hat die Geschäftsführungsbefugnis (Führung der Geschäfte im Innenverhältnis) sowie die Vertretungsbefugnis (Führung des Unternehmens nach außen gegenüber Dritten).
Gewinn oder Verlust	Da der Unternehmer alle Risiken alleine trägt, steht ihm auch der Gewinn bzw. Verlust alleine zu.

Die Offene Handelsgesellschaft

Die Offene Handelsgesellschaft trägt die Bezeichnung »Offen« nicht, weil sie einen offenen Zugang bietet, sondern weil ihre Haftung offen, d.h. betragsmäßig nicht beschränkt ist. Sie ist eine Personengesellschaft.

Gründung	§ 105 HGB: Die OHG wird von mindestens zwei Personen betrieben. Ihre Gründung ist an keine bestimmten Regelungen geknüpft. Üblich ist jedoch ein Gesellschaftsvertrag. Eine Eintragung in das Handelsregister Abt. A ist erforderlich.
Firma	Die Firma kann Personen-, Sach-, Phantasie- oder gemischte Firma sein. Sie muss die Bezeichnung OHG bzw. offene Handelsgesellschaft als Zusatz führen, z. B. Meier OHG, Meier & Schulze OHG, Stahlbau OHG.
Kapital	Das Eigenkapital wird von den Gesellschaftern aufgebracht. Die Kapitalaufstockung erfolgt durch Kapital- oder Sacheinlagen und/oder durch den Verzicht auf Gewinnanteile seitens der Gesellschafter.
Fremdkapital	Die Aufnahme von Fremdkapital ist leichter als beim Einzelunternehmen, da mindestens zwei Gesellschafter unbeschränkt haften.

Haftung	Die Gesellschafter der OHG haften gesamtschuldnerisch, d. h. jeder für alle und alles, unbeschränkt und unmittelbar. Entsprechend kann sich ein Gläubiger direkt an einen Gesellschafter wenden und von ihm die Begleichung der Schulden verlangen. Ein neu eintretender Gesellschafter haftet auch für die Schulden, die bei seinem Eintritt bereits bestehen. Bei Austritt haftet er noch fünf Jahre für die Verbindlichkeiten, die bei seinem Ausscheiden bestehen.
Geschäftsführung	Jeder Gesellschafter ist zur Führung der Geschäfte im Innenverhältnis und zur Führung des Unternehmens nach außen gegenüber Dritten berechtigt. Regelungen im Gesellschaftsvertrag können davon abweichen.
Gewinnverteilung	Wenn dazu nichts im Gesellschaftsvertrag geregelt ist, gilt § 121 HGB: 4 % seines Kapitalanteils für jeden Gesellschafter vom Jahresgewinn, der Restgewinn wird nach Köpfen verteilt. Die Gewinnanteile werden auf das Eigenkapitalkonto der Gesellschafter gebucht. Gewinnentnahmen erfolgen über das jeweilige Privatkonto der Gesellschafter.

Die Kommanditgesellschaft

Die Kommanditgesellschaft wird mit KG abgekürzt. Sie besteht aus mindestens einem Komplementär (Vollhafter) und einem Kommanditisten (Teilhafter). Die KG ist eine Personengesellschaft.

Gründung	Die KG wird von mindestens zwei Personen, einem Vollhafter und einem Teilhafter, betrieben. Die Gründung ist an keine Formvorschriften gebunden, üblich ist jedoch ein Gesellschaftsvertrag. Eine Eintragung in das Handelsregister Abt. A ist erforderlich.
Firma	Die Firma kann Personen-, Sach-, Phantasie- oder gemischte Firma sein. Sie muss die Bezeichnung KG als Zusatz führen, z. B. Meier KG.
Kapital	Das Eigenkapital wird von den Gesellschaftern aufgebracht. Die Kapitalaufstockung erfolgt durch Kapital- oder Sacheinlagen bzw. durch den Gewinn.
Kapitalerhöhung	Eine Kapitalerhöhung wird durch die Aufnahme weiterer Komplementäre (Vollhafter) und Kommanditisten (Teilhafter) erleichtert.
Haftung	Der oder die Komplementäre der KG haften gesamtschuldnerisch, d. h. solidarisch (einer für alle und alles), unbeschränkt und unmittelbar. Ein Gläubiger kann sich dementsprechend direkt an einen Komplementär wenden und von ihm die Begleichung der Schulden verlangen. Ein neu eintretender Gesellschafter haftet auch für die Schulden, die bei seinem Eintritt bestehen. Bei Austritt haftet er noch fünf Jahre für die Verbindlichkeiten, die bei seinem Ausscheiden bestanden. Die Haftung des oder der Kommanditisten ist auf das von ihnen eingesetzte Kapital begrenzt.
Geschäftsführung	Jeder Vollhafter ist zur Führung der Geschäfte im Innenverhältnis und zur Führung des Unternehmens nach außen gegenüber Dritten berechtigt. Abweichende Regelungen im Gesellschaftsvertrag sind möglich. Der Teilhafter ist von der Geschäftsführung ausgeschlossen.

Gewinn-verteilung	Wenn nichts anderes vereinbart wurde, gilt für alle Gesellschafter: Verzinsung der Kapitaleinlage mit 4 % (siehe auch OHG) Der Restgewinn wird angemessen (nach vorher festgelegten Anteilen) verteilt. Die Teilhafter haben im Unternehmen kein Privatkonto. Der Gewinnanteil wird nicht auf das Kapitalkonto des Teilhafters sondern auf ein »Verbindlichkeitskonto gegenüber Gesellschaftern« gebucht und im nächsten Jahr ausbezahlt. Der Verlust wird ebenfalls angemessen verteilt.

Die GmbH

Die Gesellschaft mit beschränkter Haftung (GmbH) kann von einer oder mehreren Personen errichtet werden. Die GmbH ist eine Kapitalgesellschaft.

Gründung	Die GmbH ist im Gegensatz zu den Personengesellschaften eine sog. juristische Person. Sie entsteht erst kraft Eintragung ins Handelsregister Abt. B (konstitutive Wirkung). Sie ist »Formkaufmann« kraft Rechtsform. Sie kann auch von nur einer Person gegründet werden (Ein-Mann-GmbH). Der Gesellschaftervertrag, auch Satzung genannt, bedarf der notariellen Beurkundung. Für Geschäfte vor der Eintragung haften die handelnden Personen persönlich und solidarisch.
Firma	Die Firma kann Personen-, Sach-, Phantasie- oder gemischte Firma sein. Sie muss die Bezeichnung GmbH als Zusatz führen, z. B. Meier GmbH.
Kapital	Das sog. Stammkapital von mindestens 25.000 EUR (Geld oder Sachwerte) wird von den Gesellschaftern in Form der Stammeinlagen aufgebracht.

Fremdkapital	Die Aufnahme von Fremdkapital ist durch die Haftungsbeschränkung erschwert.
Haftung	Die persönliche Haftung der GmbH-Gesellschafter ist ausgeschlossen. Es haftet die GmbH, jedoch nur bis zu der Vermögenssumme, die in der GmbH steckt.
Geschäftsführung	Dem Geschäftsführer bzw. den Geschäftsführern obliegt die Geschäftsführung und Vertretung der Gesellschaft (Einzel- oder Gesamtvertretung). Die Art der Vertretung muss ins Handelsregister eingetragen werden. Beschlüsse werden in der Gesellschafterversammlung getroffen. Diese wird vom Geschäftsführer einberufen. Die Abstimmung dort erfolgt mit einfacher Mehrheit nach Geschäftsanteilen, wenn nichts anderes vereinbart ist. Jeder Euro eines Geschäftsanteils gewährt eine Stimme.
Gewinnverteilung	Gewinne werden im Verhältnis der Geschäftsanteile verteilt, wenn nichts anderes vereinbart ist. Bei Verlusten werden zunächst die Rücklagen aufgezehrt. Bei Überschuldung müssen die Geschäftsführer spätestens drei Wochen nach Eintritt der Zahlungsunfähigkeit einen Antrag auf Eröffnung des Insolvenzverfahrens zu stellen.

Die Unternehmergesellschaft (haftungsbeschränkt)

Das GmbH-Gesetz ermöglicht seit ein paar Jahren auch die Gründung einer sog. Unternehmergesellschaft (haftungsbeschränkt). Diese UG entspricht im Wesentlichen der GmbH, sie kann jedoch bereits mit 1 EUR Stammkapital gegründet werden.

Allerdings muss dann in der Bilanz eine Rücklage aus Gewinnen gebildet werden bis die 25.000 EUR Stammkapital erreicht sind.

Die GmbH & Co. KG

Bei dieser Rechtsform geht es darum, die Haftung der Gesellschafter zu beschränken. Sie ist eine Sonderform der KG und damit eine Personengesellschaft. Es wird zuerst die GmbH gegründet, die dann zur Vollhafterin der gegründeten KG wird. Damit haftet die Komplementärin der KG – die GmbH – lediglich mit ihrer Stammeinlage, also mit (mindestens) 25.000 EUR.

Die Aktiengesellschaft

Die Aktiengesellschaft (AG) ist eine Handelsgesellschaft mit eigener Rechtspersönlichkeit (juristische Person), deren Grundkapital in Aktien zerlegt ist.

Gründung	Zur Gründung ist mindestens eine Person erforderlich. Der Gesellschaftsvertrag, Satzung genannt, muss notariell beurkundet werden. Die Aktiengesellschaft ist Formkaufmann und gilt immer als Handelsgesellschaft unabhängig von ihrem Unternehmensgegenstand. Die Eintragung ins Handelsregister erfolgt in der Abteilung B.
Firma	Die Firma kann Personen-, Sach-, Phantasie- oder gemischte Firma sein. Der Rechtsformzusatz AG ist Pflicht.

Kapital	Das Grundkapital entspricht dem Nennwert aller Aktien. Es muss mindestens 50.000 EUR betragen. Der Mindestnennwert pro Aktie beträgt 1 EUR.
Kapital-erhöhung	Die Aufnahme von Kapital wird durch die Herausgabe von weiteren Aktien ermöglicht.
Haftung	Die AG haftet als juristische Person mit ihrem gesamten Vermögen. Eine persönliche Haftung der Aktionäre ist ausgeschlossen.
Geschäfts-führung	Die Geschäftsführung obliegt dem Vorstand. Als Leitungsorgan wird er vom Aufsichtsrat für höchstens 5 Jahre gewählt. Das Kontrollorgan ist der Aufsichtsrat. Er wird von der Hauptversammlung (alle Aktionäre) für maximal 4 Jahre gewählt. Die Zahl der Aufsichtsratsmitglieder ist von der Höhe des Grundkapitals abhängig. Beschlüsse der Hauptversammlung werden mit einfacher Mehrheit gefasst. Satzungsänderungen bedürfen einer Mehrheit von 75 %. Ein Aktionär, der über 25 % des Grundkapitals verfügt, kann die Beschlüsse verhindern (Sperrminorität).
Gewinn-verteilung	Aktionäre erhalten eine Dividende. Bei Verlusten werden die Rücklagen aufgezehrt.

Die Genossenschaft

Eine Genossenschaft (oder Kooperative), kurz: eG, ist ein Zusammenschluss von natürlichen und juristischen Personen (Personenvereinigung). Ihr Ziel ist nicht die Gewinnmaximierung, sondern die wirtschaftliche oder soziale Förderung ihrer Mitglieder durch einen gemeinschaftlichen Geschäftsbetrieb. Sie ist keine Handelsgesellschaft, jedoch einer solchen gleichgestellt.

Gründung	Eine eG muss aus mindestens drei Mitgliedern bestehen. Die Genossenschaft gilt als Kaufmann. Sie entsteht durch die Eintragung in das Genossenschaftsregister. Sie muss über eine Satzung mit gesetzlich vorgeschriebenem Mindestinhalt verfügen.
Firma	Die Firma der Genossenschaft kann eine Sach-, Personen- oder Phantasiefirma sein und muss den Zusatz »eingetragene Genossenschaft« oder eG enthalten.
Kapital	In der Satzung müssen die Geschäftsanteile der Mitglieder bestimmt werden sowie eine ausreichende Rücklage für Verluste der Genossenschaft.
Kapitalerhöhung	Die Kapitalaufnahme erfolgt durch die Herausgabe von weiteren Geschäftsanteilen.
Haftung	Eine Haftungsbeschränkung auf das Vermögen der eG ist möglich durch Begrenzung der Nachschusspflicht der Mitglieder bei Insolvenz der eG. Die Mitglieder haften dann nur mit ihrem gezeichneten Anteil.
Geschäftsführung	Eine Genossenschaft hat in der Regel drei Organe, nämlich den Vorstand, den Aufsichtsrat und die Generalversammlung. Der Vorstand vertritt die eG gerichtlich und außergerichtlich. Es müssen zwei Vorstandsmitglieder (§ 24 GenG) und drei Aufsichtsratsmitglieder (§ 36 GenG) gewählt werden. Bei Genossenschaften mit maximal 20 Mitgliedern kann der Vorstand auch aus nur einem Mitglied bestehen und auf einen Aufsichtsrat kann verzichtet werden. In diesem Fall nimmt die Generalversammlung die Funktionen des Aufsichtsrates wahr.
Gewinnverteilung	Die Gewinnerzielung ist nicht Hauptzweck der eG. Trotzdem ist es notwendig, Gewinne zu erzielen, um Investitionen tätigen zu können. Die Gewinne werden je nach Geschäftsanteil an die Mitglieder verteilt.

Kaufvertrag

Die Lieferanten- und Kundenrechnungen als Belege des Rechnungswesens haben einen vertraglichen Hintergrund. Oft ist ein Kaufvertrag geschlossen worden, der Basis für eine Rechnung ist. Beim Kaufvertrag verpflichtet sich der Käufer, den vereinbarten Kaufpreis zu zahlen und die Sache abzunehmen, und der Verkäufer verpflichtet sich, die Ware zu übergeben und zu übereignen (§ 433 BGB). Kaufverträge bestehen jeweils aus zwei Elementen:

- einem Verpflichtungsgeschäft und
- einem Verfügungsgeschäft.

Verpflichtungs- und Verfügungsgeschäft

Ein Kaufvertrag kommt durch zwei übereinstimmende Willenserklärungen zustande: einen Antrag zum Vertragsabschluss und dessen Annahme (Verpflichtungsgeschäft). Der Antrag kann auch vom Käufer kommen, wenn er z. B. ohne ein verbindliches Angebot bestellt oder zu anderen Bedingungen bestellt, indem er von einem Angebot des Verkäufers abweicht. Dann liegt es an dem Verkäufer, ob er den Antrag annimmt oder ein erneutes Angebot unterbreitet.

Das Eigentum an der Ware wird durch Einigung und Übergabe auf den Kunden übertragen, § 929 BGB. Dies ist das Verfügungsgeschäft als zweites Element des Kaufvertrags. Meistens behält sich der Verkäufer das Eigentum an der Ware bis zur vollständigen Bezahlung vor, sog. Eigentumsvorbehalt.

Der Inhalt eines Kaufvertrages

Die Rechte und Pflichten der Vertragspartner werden in den meisten Fällen in den Allgemeinen Geschäftsbedingungen (AGB) des Verkäufers geregelt. Wird ein Sachverhalt nicht geregelt, dann gelten die gesetzlichen Bestimmungen, so vor allem die Normen des BGB. Die Inhalte des Kaufvertrages werden meist bereits im Angebot bis ins Detail definiert, damit der Kunde diesen Antrag durch ein einfaches Ja annehmen kann.

Die Inhalte sind in der Regel Art, Beschaffenheit, Qualität der Ware, Warenmenge, Warenpreis und Preisnachlass, Erfüllungsort, Gerichtsstand, Beförderungskosten, Verpackungskosten, Lieferzeit, Zahlungstermin, Regelungen zu Vertragsstörungen.

Welche Kaufvertragsarten gibt es?

Im Folgenden werden einige typische Kaufvertragsarten dargestellt:

- Stückkauf (Spezieskauf): Hier wird ein Original oder eine Sache verkauft, die vorher konkret bestimmt wurde, also z. B. das Rennpferd »Wind«.
- Gattungskauf: Gekauft wird eine Sache nach der Gattung, z. B. Kohle oder Holz.

- Bestimmungskauf (Spezifikationskauf): Es handelt sich um einen Gattungskauf, der später z. B. mit den genauen Maßen bestimmt wird (Beispiel: Gardinenkauf).
- Fixkauf: Hierbei wird eine Lieferung zu einem bestimmten Zeitpunkt vereinbart, z. B. die Torte soll zum Hochzeitstermin um »16:00 Uhr fix« geliefert werden. Das Besondere am Fixkauf: Nach einer angemessenen Wartezeit muss die Ware nicht mehr angenommen werden.

Handelsgeschäfte

Alle Geschäfte eines Kaufmannes, die den Betrieb seines Handelsgewerbes betreffen, sind Handelsgeschäfte. Für sie gelten die Vorschriften des BGB und des HGB. Das HGB hat immer dann Vorrang, wenn es speziellere Vorschriften zur Regelung eines bestimmten Sachverhaltes enthält als das BGB. Das HGB trägt Handelsgepflogenheiten Rechnung und geht davon aus, dass Kaufleute weniger schutzwürdig sind als Privatpersonen, die nicht so erfahren in geschäftlichen Dingen sind.

Rechtsgeschäfte zwischen Kaufleuten heißen zweiseitige Handelsgeschäfte. Rechtsgeschäfte zwischen einem Kaufmann und einem Nichtkaufmann sind einseitige Handelsgeschäfte. Für Geschäfte zwischen Privatleuten gilt das BGB.

Willenserklärungen

Eine Willenserklärung ist rechtlich gesehen eine Äußerung, die den Zweck verfolgt, eine bestimmte Rechtsfolge herbeizuführen, so z. B. eine Kündigungserklärung.

Willenserklärungen können im Allgemeinen in beliebiger Form abgegeben werden (Formfreiheit). Für bestimmte Erklärungen, die zu schwerwiegenden Rechtsfolgen führen, gilt jedoch zum Schutz des Erklärenden Formzwang: Wird die dafür im Gesetz vorgeschriebene Form nicht eingehalten, ist die Erklärung unwirksam, d. h. sie wird dann so behandelt, als wäre sie nie erfolgt.

Die Gesetze sehen u. a. folgende Formtypen vor:

- Schriftform: Sie setzt die handschriftliche Unterschrift unter dem Schriftstück voraus. Fehlt diese, ist die Erklärung bzw. der Vertrag unwirksam, so z. B. bei Bürgschaftserklärungen von Nichtkaufleuten, Mietverträgen über ein Jahr, Abzahlungsgeschäften, Verbraucherkrediten, Schuldversprechen, Forderungsabtretungen.
- Textform: Hier ist keine handschriftliche Unterschrift erforderlich, die Erklärung kann daher auch via Mail, Fax oder sogar auch als SMS abgegeben werden.
- Öffentliche Beglaubigung: Hier muss ein Notar die Echtheit der Unterschrift unter einem Schriftstück – nicht die Richtigkeit des Inhalts – beglaubigen, d. h., die Unterschrift muss

in seiner Gegenwart geleistet werden. Dies ist der Fall bei Anmeldungen und Anträgen zu öffentlichen Verzeichnissen wie dem Handels- und Genossenschaftsregister oder dem Grundbuch.

- Öffentliche Beurkundung: Der Notar errichtet selbst eine Urkunde und bestätigt Inhalt und Unterschrift der erklärenden Partei(en). Dieses Formerfordernis gilt z.B. bei Grundstückskaufverträgen, Schenkungsversprechen und bei Verträgen von Eheleuten über die Regelung ihrer vermögensrechtlichen Verhältnisse.

Besteht keine gesetzliche Formvorschrift, reicht die mündliche Erklärung oder auch eine sog. schlüssige (konkludente) Erklärung aus, um eine bestimmte Rechtsfolge herbeizuführen.

BEISPIEL

Ein Lieferant sendet die bestellte Ware und gibt damit konkludent eine Willenserklärung ab.

Jemand steigt in einen Bus der Verkehrsbetriebe ein und akzeptiert damit stillschweigend die Beförderungsbedingungen.

In wenigen gesetzlich bestimmten Fällen wird auch das Stillschweigen oder Nichthandeln einer Willenserklärung gleichgesetzt.

BEISPIEL

Reagiert ein Kaufmann nicht unverzüglich auf ein kaufmännisches Bestätigungsschreiben, so kommt der Vertrag zu den Konditionen zustande, die im Schreiben festgehalten sind.

Das Gesetz geht davon aus, dass Willenserklärungen bindend sind für denjenigen, der sie abgegeben hat. Nur in gesetzlich vorgesehenen Ausnahmefällen kann man die Rechtsfolgen, die eine Willenserklärung nach sich zieht, verhindern, indem man die Erklärung rückgängig macht. So z. B. durch eine Anfechtung, wenn der Erklärende sich bei Abgabe der Willenserklärung geirrt hat oder getäuscht wurde, oder durch Widerruf bei Haustürgeschäften oder bei Geschäften via Internet.

Kaufvertragsstörungen

Leider werden nicht alle Kaufverträge so abgewickelt, wie es bei Vertragsabschluss geplant war. Wenn eine Vertragspartei ihre Pflichten aus dem Vertrag verletzt, spricht man von Kaufvertragsstörungen. Diese Störungen haben natürlich auch Auswirkungen auf das Rechnungswesen. So erfordert eine Rücksendung von Waren, die der Käufer aufgrund von Mängeln nicht verwenden kann, auch eine Storno- bzw. Rückbuchung. Zahlt der Käufer nicht, weil er mittlerweile insolvent ist, muss der Forderungsverlust abgeschrieben und die Umsatzsteuer (MwSt.) berichtigt werden.

Der Verkäufer liefert eine mangelhafte Ware

Kaufgegenstände können Sach- oder Rechtsmängel aufweisen. Sachmängel können sein: Die Ware hat nicht die Eigenschaft, die sie nach dem Kaufvertrag haben sollte, sie funktioniert nicht so, wie es sein sollte, sie ist beschädigt oder fehlerhaft montiert. Ein Rechtsmangel liegt z. B. vor, wenn Rechte Dritter der Benutzung der Kaufsache entgegenstehen. Bei Mängeln hat der Käufer folgende Rechte: Er kann Nachbesserung oder Neulieferung verlangen. Nachrangig kann er z. B. nach zwei erfolglosen Nachbesserungsversuchen eine Minderung des Kaufpreises verlangen oder bei erheblichen Mängeln vom Vertrag zurücktreten und Schadensersatz (Vertrauensschaden) verlangen. Der Rücktritt vom Vertrag ist möglich, wenn die angemessene Frist zur Nacherfüllung erfolglos abgelaufen ist.

Der Verkäufer liefert nicht rechtzeitig

Der Verkäufer gerät in Lieferverzug, wenn er aus Gründen, die er zu vertreten hat, nicht rechtzeitig zum vereinbarten Termin liefert. Die Rechte aus dieser Art der Vertragsstörung lassen sich erst geltend machen, wenn der Käufer den Säumigen mahnt und ihm eine angemessene Nachfrist zur Lieferung setzt. Ausnahme (Rechte ohne Nachfrist): Der Verkäufer verweigert die Lieferung oder eine Lieferung zu einem anderen Termin ist sinnlos (Fixkauf), so z. B.: die Hochzeitstorte wird am Tag nach der Heirat geliefert.

Der Käufer hat bei Lieferverzug folgende Rechte: Er kann die Lieferung und eventuell Schadensersatz als Verzögerungsschaden verlangen oder vom Vertrag zurücktreten und Schadensersatz verlangen.

Der Käufer nimmt die Ware nicht an

Ein Annahmeverzug seitens des Käufers liegt vor, wenn er die einwandfreie und pünktliche Lieferung nicht annimmt. Der Lieferer kann dann die Ware auf Kosten des Kunden einlagern und später versteigern lassen (Selbsthilfeverkauf). Der Versteigerungstermin muss dem Kunden mitgeteilt werden. Die Mehrkosten trägt der Kunde.

Der Käufer zahlt den Kaufpreis nicht rechtzeitig

Zahlt der Käufer den Kaufpreis zum vereinbarten Termin nicht, kann der Verkäufer die Zahlung plus einem eventuellen Schadensersatz (Verzögerungsschaden) verlangen, wenn die Zahlung fällig ist, ein Verschulden des Käufers vorliegt und er die Zahlung angemahnt hat. Eine Mahnung ist nicht nötig, wenn 30 Tage nach dem Rechnungszugang vergangen sind, der Schuldner die Zahlung verweigert oder der Zahlungstermin kalendermäßig bestimmt ist (Fixkauf). Die Nachfrist ist entbehrlich, wenn der Käufer die Zahlung endgültig verweigert, der Zahlungstermin kalendermäßig bestimmt ist oder besondere Umstände vorliegen.

Neben den Verwaltungskosten können als Schadensersatz auch Verzugszinsen geltend gemacht werden. Nach § 288 BGB können beim einseitigen Handelskauf (Kaufmann – Endverbraucher) 5 % p. a. plus bzw. minus dem Basiszinssatz berechnet werden. Beim zweiseitigen Handelskauf (beide Vertragspartner sind Kaufleute) fallen seit Inkrafttreten des Gesetzes zur Bekämpfung von Zahlungsverzug im Geschäftsverkehr am 29. Juli 2014 nunmehr 9 % plus bzw. minus Basiszinssatz (statt bisher 8 %) an Verzugszinsen an. Der Basiszins wird halbjährlich unter www.bundesbank.de bekannt gegeben.

Die Zielsetzungen der Betriebe

Unternehmensziele sind in der BWL die Zielsetzungen, die der unternehmerischen Betätigung zugrundeliegen.

Ökonomische Ziele

Das Hauptziel ist hier in der Regel die Gewinnmaximierung, also die Erzielung eines möglichst hohen Gewinns. Buchhalterisch wird der Gewinn oder Verlust in der Gewinn- und Verlustrechnung in dem Konto »Gewinn und Verlust« ermittelt. In einer Gleichung sieht es so aus:
Erträge – Aufwendungen = Gewinn oder Verlust

Unterziele sind:

- die Kostenminimierung,
- die Umsatzmaximierung,
- eine hohe Produktivität = (Output ÷ Input) oder (Ausstoß ÷ Einsatz),
- eine hohe Wirtschaftlichkeit als Kennziffer: Leistung ÷ Kosten.

Außerökonomische Ziele

Ökologische Ziele: umweltbewusste Entscheidungen und umweltschonendes Handeln

- Imageziele: Entwicklung und Pflege eines positiven Erscheinungsbildes des Unternehmens nach außen
- Sicherheitsziele: Sicherung des Vermögens und der Liquidität
- Soziale Ziele: Sicherung der Arbeitsplätze, positives Betriebsklima
- Machtziele: Erzielung eines möglichst großen Marktanteils, Einflussnahme auf Menschen, z.B. Kunden, Lieferanten, Politiker

Zielhierarchien und Zielkonflikte

Die unterschiedlichen Ziele können im Widerspruch zueinander stehen. So besteht z.B. zwischen dem Gewinnmaximierungsziel und dem Liquiditätsziel (fällige Schulden begleichen zu können) ein Zielkonflikt. Um das Gewinnmaximierungsziel erreichen zu können, müssen ständig flüssige Mittel (Bank- und Kassenbestände) zum Kauf von Anlagen und Waren usw. verwendet werden, die dann für die Tilgung der Schulden nicht mehr zur Verfügung stehen. Es ist in solchen Fällen Sache des Managements, eine klare Hierarchie der Ziele vorzugeben und Zielkonflikte zu lösen.

Die Einteilung der Betriebe

Betriebe können im Wesentlichen in zwei Haupttypen eingeteilt werden: in Produktions- und in Dienstleistungsbetriebe.

Produktionsbetriebe

Produktionsbetriebe haben das Ziel, Güter zur Bedarfsdeckung zu erstellen und zu vertreiben. Sie können innerhalb dieser Kategorisierung zum einen danach unterschieden werden, welchen Umfang ihre Maschinenausstattung hat, wie stark die Arbeitsteilung und wie groß der Kapitaleinsatz ist. Ein weiteres Unterscheidungskriterium ist, ob Unternehmen ihre Produkte gewinnen oder aber herstellen. Beispiele für die Gewinnung von Produkten sind der Abbau von Kohle, die Förderung von Öl, Gas oder Erz. Typische Beispiele für die Produktherstellung bzw. -verarbeitung sind die Stahl-, Holz-, Textil-, Papier- oder Glasverarbeitung.

Dienstleistungsbetriebe

Dienstleistungsbetriebe bieten – wie der Name vermuten lässt – Dienstleistungen an, also Handlungen. Dazu gehören z.B. Handelsbetriebe, Banken, Versicherungen, Verkehrsbetriebe, Hotelbetriebe, Dienstleister im Gesundheitsbereich oder Reiseveranstalter.

Die Produktionsfaktoren

Produktionsfaktoren sind alle materiellen und immateriellen Mittel und Leistungen, die für die Bereitstellung von Gütern maßgeblich sind. Die betriebswirtschaftlichen Produktionsfaktoren sind nach dem Wirtschaftswissenschaftler Prof. Erich Gutenberg folgende:

Elementarfaktoren:
▪ Betriebsmittel (Kapital, Gebäude, Maschinen) ▪ Werkstoffe (Roh-, Hilfs-, Betriebsstoffe) ▪ Menschliche Arbeitsleistungen
Dispositiver Faktor:
Geschäfts- und Betriebsleitung (Planung, Organisation und Kontrolle)

- **Betriebsmittel** sind Gebäude und Maschinen. Sie gehören in der Bilanz eines Unternehmens zum Anlagevermögen. Bei ihrer Anschaffung spricht man von Investitionen. Das Geld dafür ist entweder ganz aus eigenen Mitteln (Eigenkapital) oder zum Teil aus fremden Mitteln (Fremdkapital) beschafft worden.
- Die **Werkstoffe** werden im Rahmen der Materialwirtschaft angeschafft. Wegen ihrer ständigen Bestandsveränderungen gehören sie in der Bilanz eines Unternehmens zum **Umlaufvermögen**. Roh- und Hilfsstoffe werden zu Produkten verarbeitet. Die Betriebsstoffe dagegen werden nicht verarbeitet, sie werden verbraucht. Ihrem Ursprung nach dienen sie dem »Betreiben« von Maschinen. Betriebsstoffe sind z. B. Energie-

stoffe, Fette, Öle, aber auch Putzmittel für die Reinigung von Maschinen.

- Die **menschlichen Arbeitsleistungen** werden von den Arbeitskräften (Arbeiter, Angestellte und Auszubildende) erbracht. In der BWL wird oft dem Produktionsfaktor »menschliche Arbeitsleistungen« noch gesondert der Bereich »Dienstleistungen« hinzugefügt, der immer stärker von außen bezogen wird.

Mit dem Begriff »dispositiver Faktor« bezeichnet man die Geschäfts- bzw. Betriebsleitung. Ihre Aufgabe ist es, die Elementarfaktoren im Rahmen der »betrieblichen Organisation« zu leiten und zu ordnen. Die Geschäfts- und Betriebsleitung sorgt also im Idealfall für den optimalen Einsatz der Elementarfaktoren.

Innerbetriebliche Organisation

In jedem Unternehmen ist es notwendig, eine gut funktionierende Organisation zu haben. So wird sich die Abteilung »Verkauf« z.B. schnell informieren müssen, ob ein Kunde vor der Zusage eines Auftrages seine bisherigen Rechnungen bezahlt hat.

Die Aufbau- und Ablauforganisation

Die Aufbauorganisation beschäftigt sich damit, in welche organisatorischen Einheiten das Unternehmen sinnvollerweise aufgegliedert werden sollte. Alle Instanzen, Abteilungen und Stellen werden dazu in einem betrieblichen Organigramm dargestellt.

- Mithilfe der Ablauforganisation werden Arbeitsprozesse innerhalb eines Unternehmens ermittelt und definiert.

Die Leitungs- bzw. Liniensysteme

Bei der Aufbauorganisation spielen sog. Leitungssysteme eine wichtige Rolle. Sie dienen dazu, die einzelnen Organisationseinheiten mittels Leitungsbeziehungen zu einem Organisationssystem mit hierarchischen Ebenen zusammenzufassen. Die Leitungssysteme (Führungssysteme) sind von dem Betriebsingenieur F. W. Taylor und seinem Zeitgenossen Henri Fayol Anfang des letzten Jahrhunderts entwickelt worden. Nachfolgend ein Organigramm der Aufbauorganisation, das die Anordnung der Geschäftsleitung mit den Abteilungen eines Unternehmens zeigt.

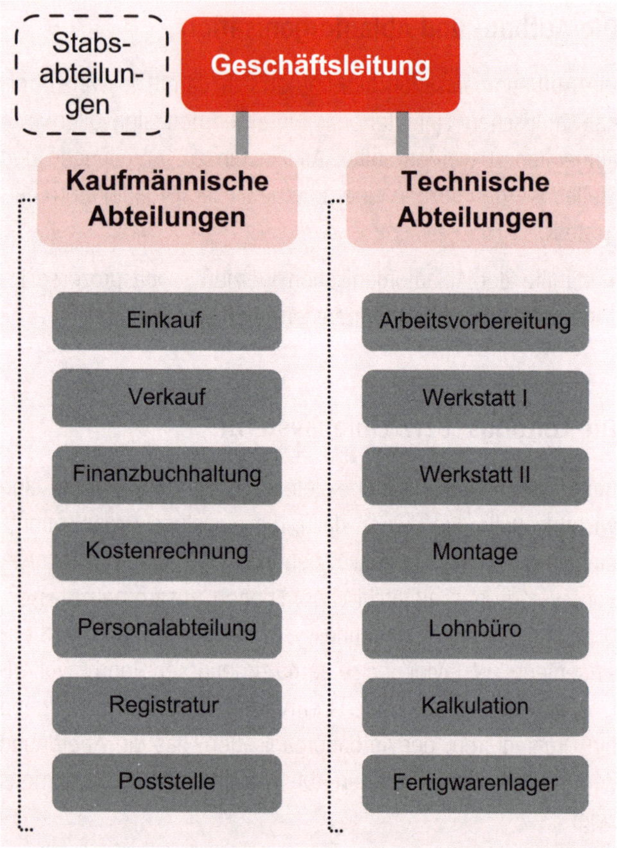

Organigramm: Liniensystem

Das Organigramm ließe sich mit weiteren Abteilungen je nach Größe und Branche der Unternehmung ergänzen. Dieses Organigramm ist vom Ansatz her dem Liniensystem zuzuordnen, in dem die Anweisungen von oben nach unten erfolgen (Taylorismus).

Um umfassende Anweisungen geben zu können, müssen sich auch Geschäftsleitungen Rat einholen. Dies kann durch Stabsabteilungen (Personalwesen, Rechtsabteilung, Organisationsabteilung) oder Fremdorganisationen (Steuerberater, Wirtschaftsprüfer usw.) erfolgen. Das um diese Stabsabteilungen erweiterte Liniensystem wird in der Literatur als »Stabliniensystem« bezeichnet. Diese Stabsabteilungen wären dann auf der gleichen Ebene neben der Geschäftsleitung angeordnet. Stäbe haben keine Leitungs-, sondern nur Beratungsfunktionen, d. h., sie sind den nachgelagerten Stellen nicht weisungsbefugt. Der Nachteil der Liniensysteme ist, dass dort die Anweisungen ausschließlich von oben nach unten erfolgen. Heutzutage herrscht in Unternehmen dagegen oft ein demokratischer Führungsstil. Mitarbeiter sollen mitdenken, verantwortlich handeln und Informationen mit der Geschäftsleitung und anderen Abteilungen austauschen.

Hierzu bietet sich die modernere »Matrixorganisation« an. Bei dieser Aufbauorganisation fließen die Informationen nicht nur von oben nach unten, sondern auch horizontal von Abteilung zu Abteilung. So sind verschiedene Gliederungen möglich: Es können Produktmanager (objektbezogen) für die verschiedenen Produkte eingesetzt werden, die für die verrichtungsbezogenen Abteilungen, wie z. B. Beschaffung, Produktion und Marketing verantwortlich sind. Eine andere Gliederung wäre die Einteilung nach Märkten oder Regionen. Vorteile einer solchen Strukturierung sind kürzere Informationswege, Spezialisierung, schnellere Problemlösung durch Teamwork.

Planung im Betrieb

Um etwas organisieren bzw. durchführen zu können, bedarf es der Planung. Planung ist nach Prof. Konrad Mellerowicz, einem deutschen Betriebswirt, die geistige Vorwegnahme möglichen künftigen Geschehens und eine der wichtigsten Aufgaben in Unternehmen. In Unternehmen gibt es viele unterschiedliche Planungsbereiche, die je nach Branche, Größe und weiteren Faktoren verschieden sein können, so z. B. die Produktionsplanung, die Marketingplanung, die Personalplanung, die Kostenplanung etc. Die Ergebnisse der Unternehmensplanung zeigen sich in der Plan-Gewinn- und Verlustrechnung, Plan-Bilanz, Plan-Kapitalflussrechnung.

Die Fertigungswirtschaft

Die Fertigungswirtschaft ist ein Teil der BWL. Sie befasst sich mit den strategischen, taktischen und operativen Fragen, die sich bei der Herstellung eines Produktes stellen können. Zentrales Anliegen ist hier, wie man ein Produkt möglichst kostenoptimal, mit kurzen Fertigungszeiten und optimaler Kapazitätsauslastung herstellen kann. Hierbei unterscheidet man die folgenden Einteilungen.

Menschliche Arbeit

- Manuelle Fertigung: vorwiegend Handarbeit
- Maschinelle Fertigung: die Maschine erledigt wiederkehrende Arbeiten; Arbeiter überwachen die Menge und Größe
- Automatisierte Fertigung: der ganze Arbeitsablauf wird von Automaten nach vorgegebenem Programm gesteuert, kontrolliert und korrigiert

Menge der herzustellenden Erzeugnisse

- Einzelfertigung, z. B. Schiffsbau
- Sortenfertigung: aus demselben Grundstoff werden verschiedene Sorten hergestellt, z. B. bei Bier, Papier, Seifenartikeln
- Serienfertigung: gleiche Erzeugnisse werden in beschränkter Stückzahl hergestellt (Serie), so z. B. Bügeleisen, Computer, Bildschirmgeräte, Autos
- Massenfertigung: gleiche Erzeugnisse werden in großen Mengen hergestellt, so z. B. Flaschen, Dosen, Schrauben

Anordnung und Einsatz der Betriebsmittel

- Werkstättenfertigung: Teile werden durch den Einsatz von Maschinen und Handarbeit in verschiedenen Arbeitsgängen gefertigt. Fertige Teile werden dann zu einer anderen Werkstatt gebracht (innerbetrieblicher Transport). Das Ganze kann auch innerhalb einer Werkstatt stattfinden. Der Transport erfolgt dann durch Bänder oder Rutschen.

- Reihenfertigung: Hier stehen die Maschinen für die immer wiederkehrenden Arbeiten in einer Reihe.
- Fließfertigung: Sie ist vergleichbar mit der Reihenfertigung, aber der Arbeitsablauf ist zeitlich gebunden (Taktzeiten). Diese Fertigung ist als Fließbandfertigung bekannt geworden.
- Gruppenfertigung: Die notwendigen Maschinen und Arbeitsplätze werden zu Gruppen zusammengefasst. Dies wird seit Jahren z.B. in der Automobilbranche angewandt.
- Baustellenfertigung: Diese Fertigung ist abhängig vom Standort, z.B. Hausbau, Brückenbau, Straßenbau.

Der Lebenszyklus der Produkte

Im Zusammenwirken von Marketing und Fertigung muss regelmäßig die Produktplanung untersucht und den Marktbedingungen bzw. den Kundenwünschen angepasst werden.

In der BWL gibt es das Konzept des Lebenszyklus eines Produktes. Es geht davon aus, dass jedes Produkt eine bestimmte Lebensdauer hat. Der Lebenszyklus verläuft in folgenden Phasen: I = Einführung, II = Wachstum, III = Reife, Sättigung und IV = Degeneration.

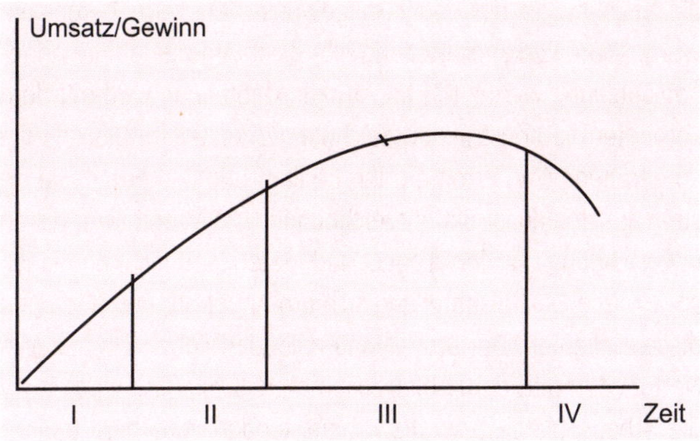

Lebenszyklus von Produkten

Je nach Phase ist eine bestimmte Produktpolitik erforderlich. Um das Produkt z. B. nicht so schnell in die Degenerationsphase kommen zu lassen, kann eine »Schubladenplanung« mit einer Variation des Produktes erforderlich sein. Gut zu beobachten ist dies in der Automobilindustrie. Dort bringt man immer wieder neue Variationen von Modellen auf den Markt.

Der Ablauf eines Kundenauftrages

Das folgende Beispiel zeigt, wie die einzelnen Abteilungen in einem Unternehmen zusammenspielen, wenn es um die Bearbeitung eines Auftrags geht:

Ein Kunde, ein Möbelhändler, ruft in der Verkaufsabteilung einer Möbelindustrie an: Er benötigt 10 neuartige Chef-Schreibtische, die noch nie in der von ihm gewünschten Form hergestellt wurden. Die Verkaufsabteilung gibt diese Anfrage an die Angebotsabteilung weiter. Die Konstruktionsabteilung wird mit dem Computer die Konstruktionszeichnungen erstellen. Die Arbeitsvorbereitung (AV) ermittelt den Beginn- und Endtermin. Sie erstellt aus den Konstruktionszeichnungen die Materialstücklisten in Verbindung mit dem Lager. Sind Materialien nicht am Lager, so wird die Einkaufsabteilung sich um Angebote bemühen und diese einkaufen. Der Brutto-Materialbedarf setzt sich aus dem Nettobedarf plus dem Abfall zusammen. Schließlich wird die AV die Arbeitsabläufe bzw. die Arbeitsstunden vorgeben. Danach wird die Vorkalkulation für den potenziellen Kunden mit einem Kostenvoranschlag erstellt.

Hat die Anfrage (Angebotsmappe) alle oben aufgeführten Abteilungen durchlaufen und sind die Fragen positiv beantwortet worden, wird das fertige Angebot über die Verkaufsabteilung an den Kunden übermittelt. Rechtlich gesehen ist dies ein Antrag. Nimmt der Kunde den Antrag an, so kommt es zu einem Vertragsabschluss. Er erhält eine Auftragsbestätigung mit dem möglichen Versandtermin. Innerbetrieblich wird eine Auftragsnummer vergeben. Intern werden alle Belege, die zur Ausführung des Auftrages notwendig sind, von der AV mit der Auftragsnummer versehen.

Danach werden alle mit dem Vorgang betrauten Abteilungen über den Fertigungsbeginn von der Arbeitsvorbereitung (AV) informiert. Die AV hat je nach Größe des Unternehmens weitere Unterabteilungen bzw. Funktionen: Materialdisposition, Fertigungssteuerung und Terminplanung. Sie erstellt außer den Stücklisten für den zu produzierenden Auftrag die Arbeitsanweisungen, die Maschinenbelegungspläne und weitere Pläne, um die Termine zu fixieren und sicherzustellen. Aus den Stücklisten erstellt sie die Materialscheine. Die Material- und die Lohnscheine werden von der AV mit der Auftragsnummer oder Kommissionsnummer versehen. Alle Unterlagen kommen dann in eine Durchlauftasche, die den ganzen Fertigungsprozess begleitet. (In Großbetrieben läuft der Materialfluss »just in time« durch spezielle Fertigungs- und Steuerungsprogramme über die Datenverarbeitung).

Die entsprechenden Meister entnehmen die Materialentnahmescheine für die Materialausgabe. Sie ergänzen nach der fertigen Arbeit in der Kostenstelle (dem Arbeitsplatz) die Lohnscheine und versehen diese mit den Arbeitszeiten, der Personalnummer des Arbeiters, der Kostenstellennummer (Arbeitsplatznummer) und mit ihrer Unterschrift. Die Materialentnahmescheine sind meistens von der AV (Arbeitsvorbereitung) schon mit der Menge und der Artikelnummer sowie der Bezeichnung des Materials ausgefüllt. Sie werden, versehen mit der Kostenstellennummer und den Unterschriften des Herausgebenden und des Empfängers, von dem Magazin (Lager) an die Materialbuchhaltung gegeben, die darauf die Bewertung mit Preisen (meistens mit Durchschnittspreisen) vornimmt. Bei der Werkstättenfertigung werden vom innerbetrieblichen Transport die größeren Materialien vom Lager zu den Arbeitsplätzen per

Gabelstapler befördert. Die Lohnscheine, Akkord- und Zeitlohnscheine werden zum Lohnbüro gebracht, das für die späteren Lohnzahlungen die Löhne berechnet. Schließlich erhält die Abteilung »Nachkalkulation« noch die bewerteten Material- und die Lohnscheine, um nach dem Erhalt der Fertigmeldung den Verkaufspreis für den Auftrag zu errechnen. Diese Abrechnung bekommt die Verkaufsabteilung für die Rechnungserstellung (Fakturierung) aus Faktura = Rechnung.

Die Verkaufsabteilung nimmt Kontakt mit der Versandabteilung zum Versandtermin auf, der dann dem Kunden mitgeteilt wird. Der Kunde bekommt das Original der Ausgangsrechnung (AR) und mit der Lieferung den Lieferschein. Das Rechnungsduplikat geht an die Buchhaltung und wird dort gebucht. Oft wird noch eine dritte Ausfertigung der Rechnung erstellt, ein Triplikat, welches als Unterlage in der Verkaufsabteilung bleibt.

Die Grundlage der Rechnung ist die Nachkalkulation. Der Nachkalkulator fertigt die Stückkalkulation an. Das Kalkulationsschema ist die Industrie- oder Zuschlagskalkulation (siehe hierzu näher im Teil 3 des Buches).

Material- und Lagerwirtschaft

Zur Herstellung von Produkten werden Roh-, Hilfs- und Betriebsstoffe benötigt:

- Rohstoffe: Hauptbestandteile eines Produktes.

- Hilfsstoffe sind ergänzende Stoffe, wie z. B. Leim, Farbe, Schrauben, Nägel.
- Betriebsstoffe werden zum Betreiben von Maschinen verwendet. Das können z. B. Energie- und Schmierstoffe sein; sie werden nicht in Produkte verarbeitet. Daneben gibt es noch weitere Betriebsstoffe, die z. B. zur Reinigung von Maschinen oder Arbeitsplätzen genutzt werden.

Die Lagerwirtschaft

Nicht alle Teile eines Produktes werden vom Betrieb selber gefertigt. So werden auch Vorprodukte als »bezogene Fertigteile« von anderen Herstellern bezogen, die dann in die eigenen Produkte eingebaut werden. Denken wir dabei an die Automobilindustrie. Dort werden viele vorgefertigte Teile von anderen Herstellern bezogen, z. B. Reifen, Kabel, Leuchten, Lenkräder.

Lagerte man alle Teile für die vielen Tagesproduktionen, entstünden enorme Lagerkosten. Daher wird z. B. oft für eine Tagesproduktion ein Pufferlager eingerichtet. Die anderen Teile werden »just in time«, d. h. zur richtigen Zeit kurz vor der Fertigung angeliefert. Dies spart Lagerkosten. Das Lager ist dann quasi auf dem zu liefernden LKW, d. h. auf der Straße. Für die Nachkalkulation der Produkte, zur Kostenkontrolle und zur Preisermittlung spielen neben anderen Kosten des Betriebes, Material- und Lohnkosten eine wichtige Rolle. Sie müssen daher exakt erfasst werden.

Die Materialwirtschaft

Sie befasst sich mit der Aufgabe, das Material in der richtigen Art, in der richtigen Menge, in der richtigen Qualität, zur richtigen Zeit an den richtigen Ort und zum günstigsten Preis zu beschaffen. Hinzu kommen Anlagenkäufe und die richtige Auswahl der Lieferanten. Wenn auch in Herstellungsbetrieben versucht wird, ohne eine große Lagerhaltung auszukommen, weil die Rohmaterialien just in time für die Fertigung) erworben werden, so wird doch für viele erworbene Artikel eine Lagerhaltung erforderlich sein. Abgestimmt wird hier mit den Abteilungen Verkauf, Arbeitsvorbereitung und der Buchhaltung nicht zuletzt wegen der Finanzierung.

Der Meldebestand

Neue Ware muss so rechtzeitig bestellt werden, dass kein Stillstand in der Produktion entsteht. Der Meldebestand ist die Lagerbestandsmenge, deren Erreichen oder Unterschreiten eine Bestellung der Einkaufsabteilung auslöst.

Der Zeitpunkt des Einkaufs kann natürlich auch von anderen Faktoren abhängig sein, z. B. von zu erwartenden Preissteigerungen, Messeterminen, der Lagerfähigkeit der Materialien und Waren und der Höhe des Auftragsbestandes. Die in der Fachliteratur angegebene Berechnung des Meldebestandes mit der »Lieferzeit« sollte besser durch »Beschaffungszeit« ersetzt werden, da nicht nur die Lieferzeit, sondern auch betriebsinterne Zeiten für das Einholen der Angebote und die Bearbeitungszeit eingerechnet werden müssen. Die Formel für den Meldebestand lautet:

Meldebestand =	eiserner Bestand + (durchschnittliche Tagesentnahme × Beschaffungszeit)

Die Höhe des eisernen Bestandes legt die Geschäftsleitung fest. Er darf auf der einen Seite nicht zu niedrig sein, andererseits auch nicht zu hoch, da diese Bestände »totes Kapital« sind, das keine Zinsen bringt.

BEISPIEL

Um den Meldezeitpunkt bestimmen zu können, muss zunächst der tägliche Bedarf ermittelt werden. Beträgt der tägliche Bedarf z. B. 40 Stück und liegt die Beschaffungsdauer bei 5 Tagen, so beträgt der Meldebestand 40 × 5 = 200 Stück. Da die Lieferungen nicht immer pünktlich eintreffen, legt die Geschäftsleitung einen Mindestbestand oder eisernen Bestand z. B. von 80 Stück fest.

Der Meldebestand beträgt im Beispiel:
80 + (40 × 5) = 280 Stück (Meldebestand)

Die Lieferantenauswahl

Wegen der Wirtschaftlichkeit und der damit verbundenen Kostenminimierung ist der Einstandspreis oder Bezugspreis der eingekauften Ware eine wesentliche Entscheidungsgrundlage dafür, bei welchem Lieferanten eingekauft wird. Wegen der Kostenminimierung ist zunächst der Preis einer Ware entscheidend. So werden Einkäufer für die zu beschaffenden Güter Angebote von verschiedenen Lieferanten einholen.

Die möglichen Lieferanten werden mittels intern angelegter Lieferantenverzeichnisse, über Branchenverzeichnisse, die Gelben Seiten oder mittels des Internets ausgewählt. Die eingeholten Angebote werden dann in einem Angebots-vergleich gegenübergestellt. Die Berechnung des Einstandspreises erfolgt ohne Mehrwertsteuer, also netto, da die Mehrwertsteuer in Unternehmen ein durchlaufender Posten ist und erst vom Endverbraucher bezahlt wird (siehe dazu näher im Teil 3 dieses Buches). Um höhere Rabatte bei den Lieferanten zu bekommen, kann der Einkauf zentralisiert für alle Filialen oder nur für bestimmte Produkte organisiert sein.

Der Angebotsvergleich

Der Angebotsvergleich wird mit dem ersten Teil der Handelskalkulation, der sog. Einkaufskalkulation, in der Einkaufsabteilung vorgenommen.

BEISPIEL

Ein Unternehmen hat drei Angebote über Motorenöl vorliegen, die miteinander verglichen werden sollen.

Angebot A: 100 Liter Motorenöl »Super 1« zu je 8,00 EUR pro Liter, Liefererrabatt 20 %, Liefererskonto 2 %, Fracht 30,00 EUR, Rollgeld 20,00 EUR.

Angebot B: 100 Liter Motorenöl »Leichtlauf« zu je 8,50 EUR je Liter, Liefererrabatt 25 %, Liefererskonto 3 %, Lieferung »frei dort« (= frei Bestimmungsbahnhof), Rollgeld 20,00 EUR.

Angebot C: 100 Liter Motorenöl »Bestform« zu je 9,00 EUR je Liter, Liefererrabatt 15 %, Liefererskonto 2 %, Lieferung frei Haus. Wie hoch ist der Bezugspreis pro Liter?

Die Berechnung der drei Angebote			
Formeln	A	B	C
Listeneinkaufspreis	800,00	850,00	900,00
- Liefererrabatt	160,00	212,50	135,00
= Zieleinkaufspreis	640,00	637,50	765,00
- Liefererskonto	12,80	19,13	15,30
= Bareinkaufspreis	627,20	618,37	749,70
+ Bezugskosten	50,00	20,00	-
= Einstandspreis	677,20	638,37	749,70
Bezugspreis je Liter	6,77	6,38	7,50

Das Angebot B ist mit 6,38 EUR je Liter am günstigsten. Allerdings sind neben dem Preis noch andere Faktoren für die Auswahl des Lieferanten wichtig, so z. B. die Qualität der Ware, die Lieferzeit, die Garantiezeit, Kulanz bei Mängelrügen, der Bekanntheitsgrad zwischen Lieferant und Kunden, die Bereitschaft zur Lieferung kleinerer Mengen, der Mindermengenzuschlag, die Größe der Produktpalette und die Verpackungsgröße.

Die Auftragsnummern

Industrieunternehmen, die auftragsbezogen arbeiten, verwenden bei ihren Bestellungen Auftrags- oder Kommissionsnummern. Erteilt ein Kunde dem Unternehmen einen Auftrag zur Fertigung eines Produktes, so vergibt die Abteilung Arbeitsvorbereitung (AV) eine Auftragsnummer. Sie kann in einen mehrstelligen Bestellnummernschlüssel einfließen. In diesen werden darüber hinaus noch die Nummer des Einkäufers, das

Bestelldatum, die ausführende Kostenstelle und die fortlaufende Nummer der Bestellung eingearbeitet. Lieferanten werden dann gebeten, bei der Erstellung der Rechnung, den Bestellnummernschlüssel mit anzugeben, damit eine genaue und schnelle Zuordnung zum Auftrag möglich ist.

BEISPIEL

Nehmen wir an, die Auftragsnummer lautet: 360.412, der Einkäuferschlüssel ist 15, die laufende Bestellnummer ist 12.350, das Bestelldatum der 11.05.2015 und die auftraggebende Kostenstelle ist 310. Dann könnte der Bestellnummernschlüssel so aussehen: 360.412/15/12.350/11.05.2015/310.

Materialentnahmescheine, mit denen Lagermaterialien abgefordert werden, sowie Lohnscheine, in denen die Arbeitsstunden eingetragen werden, erhalten innerbetrieblich ebenfalls die entsprechende Auftragsnummer, damit der gesamte Material- und Lohnaufwand für den Auftrag nachkalkuliert werden kann. So kann gegenüber dem Kunden später exakt abgerechnet werden. Außerdem kann damit die Differenz zwischen geplantem Soll - Ist, also der mögliche Mehraufwand an Material oder Lohn, kontrolliert werden. Auftragsnummern werden in Industrieunternehmen nicht nur für Kundenaufträge, sondern auch für innerbetriebliche Aufträge, z.B. für Reparaturen vergeben, die dann wie andere Aufträge nachkalkuliert werden, um sie der entsprechenden Kostenstelle (Arbeitsplatz) innerhalb der Kosten- und Leistungsrechnung zu belasten, und um kontrollieren zu können, wie sinnvoll weitere Reparaturen noch sind.

Optimierung der Lagerhaltung

Ein Lager ist der Ort oder Raum, an dem die Güter gelagert werden. Industriebetriebe unterscheiden je nach Güterart verschiedene Lagerarten.

Güterart/Abteilung	Lagerarten
Einkauf	Rohstoff-, Hilfsstoff- und Betriebsstofflager
Fertigung	Bereitstellungslager, Handlager
Werkstättenfertigung	Zwischenlager
Werkzeuggebrauch	Werkzeuglager
innerbetriebliche Reparaturen	Maschinenersatzteillager
Verkauf	Fertigwarenlager

Die Verwaltung führt für ihre Büromaterialien ebenfalls ein Lager.

Je nach Eigenschaft des Materials oder Produktes sind noch weitere Differenzierungen im Lagerbereich notwendig. So gibt es Materialien, die wegen ihrer besonderen Art, z. B. wegen ihres Geruchs, ihres Reifeprozesses, Materialwerts, ihrer Temperaturempfindlichkeit oder Gefährlichkeit (schnell brennbar) getrennt von anderen gelagert werden müssen. In der Betriebsorganisation wird vorwiegend zwischen zentraler und dezentraler Lagerung unterschieden. Darüber hinaus existieren in Großbetrieben Hochregallager mit sog. chaotischer Lagerung. Von chaotisch spricht man deshalb, weil nur der Computer weiß, wo das Material liegt.

Lagerkennziffern

Die Wirtschaftlichkeit des Lagers wird mit Hilfe der Lagerkennziffern ermittelt, die in der Betriebsstatistik als Vergleich dienen. Dabei werden die aktuellen Werte entweder mit denen von Vorperioden oder mit branchenüblichen Werten verglichen. Die Lagerkennziffern sind:

- der durchschnittliche Lagerbestand
- die Umschlagshäufigkeit
- die durchschnittliche Lagerdauer in Tagen

Es geht im Wesentlichen darum, die Lagerkosten (Abschreibungen für das Gebäude, Energiekosten, Versicherungen, Verderb oder Verlust der Ware, Verzinsung des in Vorräten gebundenen Kapitals, Personalkosten usw.) zu senken. Berechnet werden die Kennziffern mit folgenden Formeln:

Durchschnittlicher Lagerbestand =	(Jahresanfangsbestand + 12 Monatsendbestände) ÷ 13

Für die Berechnung des durchschnittlichen Lagerbestandes bestimmt die Anzahl des Zählers den Divisor. So ist z. B. der Divisor 13 = Anfangsbestand + 12 Monatsendbestände.

Für Halbjahresergebnisse muss also durch 7 geteilt werden, da der Anfangsbestand mit hinzu gerechnet wird.

Umschlagshäufigkeit =	Wareneinsatz ÷ durchschnittlicher Jahresbestand

Durchschnittliche Lagerdauer in Tagen für ein Jahr	=	360 Tage ÷ Umschlagshäufigkeit

BEISPIEL

Ein Unternehmen hat einen Anfangsbestand (AB) an einem Artikel in Höhe von 60 Stück. Der Verbrauch beträgt pro Jahr 600 Stück. Wie lauten die Lagerkennziffern, wenn man die folgenden Bestände pro Monat zugrundelegt?

Anfangsbestand und monatliche Endbestände				
Datum	Stück		Datum	Stück
02.01. AB	60		31.07.	36
31.01.	30		31.08.	19
28.02.	18		30.09.	30
31.03.	33		31.10.	36
30.04.	27		30.11.	16
31.05.	15		31.12.	38
30.06.	32		Summe	390

Berechnung nach den oben angegebenen Formeln:

- Durchschnittlicher Lagerbestand: 390 ÷ 13 = 30 Stück
- Umschlagshäufigkeit: 600 ÷ 30 = 20 Mal
- Durchschnittliche Lagerdauer: 360 ÷ 20 = 18 Tage

Je höher die Kennziffer für die Umschlagshäufigkeit ist, desto schneller wird das Lager geräumt und desto kürzer ist die Lagerdauer. Je niedriger der durchschnittliche Lagerbestand ist, desto niedriger sind auch die Lagerkosten und je weniger ist das Kapital in den Lagerbeständen gebunden. Um die Lagerkosten zu minimieren, wären kleine Bestellmengen erforderlich. Der Nachteil von geringeren Bestellmengen liegt in höheren Preisen wegen niedrigerer Rabatte. Häufige Transporte führen zu höheren Bezugskosten. Würde die Jahresmenge, die ein Unternehmen verbraucht, durch eine Bestellung ausgeführt, so wären die Bestellkosten am niedrigsten, aber die Lagerhaltungskosten am höchsten.

Kleinere Betriebe nutzen deswegen auch den sog. Kauf auf Abruf, d.h., sie bestellen wegen des Mengenrabattes eine größere Menge, die sie innerhalb der vertraglichen Zeit in kleineren Mengen abrufen.

Die optimale Bestellmenge

Um eine Minimierung der Beschaffungskosten und der Lagerkosten zu erreichen, ist die günstigste Einkaufsmenge zu errechnen. Diese wird in der BWL als optimale Bestellmenge bezeichnet. Sie ist die Beschaffungsmenge, bei der die Summe aus Bestell- und Lagerhaltungskosten am niedrigsten ist. Bei dieser Menge sind die Bestellkosten und die Lagerhaltungskosten gleich. Sie ist eine Richtgröße, die in der Praxis oft nicht eingehalten werden kann, wenn z.B. der Verbrauch nicht kontinuierlich gleich bleibt.

BEISPIEL

Der Einstandspreis eines Materials ist 20 EUR je Stück. Die Lagerhaltungskosten betragen 8 % des durchschnittlichen Lagerbestandes. Pro Stück wären das bei dem halben Lagerbestand, der durchschnittlich vorhanden ist:

(20 × 8) ÷ (2 × 100) = 0,80 EUR Lagerhaltungskosten je Stück

Werden ein Jahresbedarf von 3.200 Stück und Bestellkosten von 40 EUR pro Bestellung plus der errechneten Lagerhaltungskosten von 0,80 EUR je Stück unterstellt, so lässt sich daraus die optimale Bestellmenge errechnen.

Die optimale Bestellmenge lässt sich in einer Tabelle oder Formel darstellen; in einer Tabelle werden bis zu 10 Bestellungen pro Jahr gegenübergestellt.

Bestellte das Unternehmen den Jahresbedarf von 3.200 Stück auf einmal, dann sähe die Berechnung so aus:

3.200 Stück × 0,80 = 2.560,00 EUR Lagerhaltungskosten

Dazu kommen die einmaligen 40 EUR Bestellkosten. Insgesamt sind es 2.600 EUR Bestell- und Lagerhaltungskosten (siehe auch die nachfolgende Tabelle).

Bestellungen/ Anzahl pro Jahr	Bestell-menge	Bestell-kosten (EUR)	Lagerhal-tungskosten (EUR)	Summe Lager-kosten
1	3.200	40,00	2.560,00	2.600,00
2	1.600	80,00	1.280,00	1.360,00
3	1.067	120,00	853,60	973,60
4	800	160,00	640,00	800,00
5	640	200,00	512,00	712,00
6	533	240,00	426,40	666,40
7	457	280,00	365,60	645,60
8	400	320,00	320,00	640,00
9	356	360,00	284,80	644,80
10	320	400,00	256,00	656,00

Die Tabelle zeigt: Die optimale Bestellmenge liegt im Beispiel bei 400 Stück und 8 Bestellungen pro Jahr. Bestellkosten und Lagerhaltungskosten sind dort gleich: 320 EUR (siehe hierzu auch die folgende Abbildung).

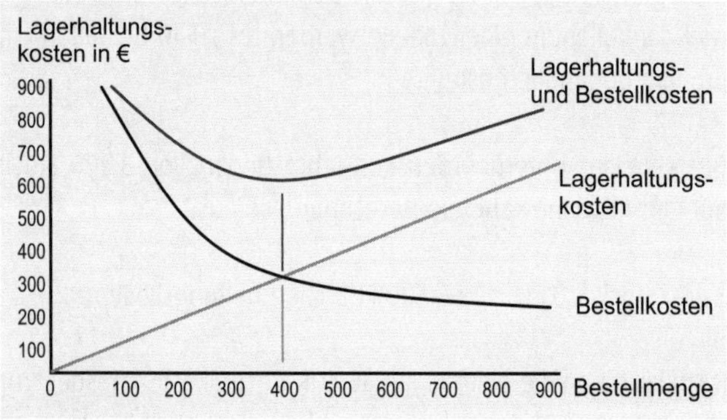

Die optimale Bestellmenge

Die ABC-Analyse

In Industriebetrieben lagern Materialien mit unterschiedlichen Einstandspreisen. Um einen Überblick darüber zu haben, welche Materialien im Preis besonders hoch liegen und welche einen niedrigen Preis haben, werden die Materialarten mit ihren Mengen, Einstandspreisen je Stück und den Gesamtpreisen in einer Tabelle dargestellt. Danach wird die Rangfolge vom höchsten bis zum niedrigsten Gesamtwert festgelegt. So werden die Materialien mit den höchsten Gesamtwerten als A-Güter, mit den zweithöchsten als B-Güter und mit den dritthöchsten als C-Güter bezeichnet. Welche Zuordnung nach A-, B-, oder

C-Gütern getroffen wird, liegt in der Hand der Geschäftsleitung. Die Höhe der Verbrauchswerte bildet die Rangfolge.

BEISPIEL

Ein Unternehmen möchte einen Überblick über die Lagerkosten haben. Die Kontrolle erfolgt mittels der ABC-Analyse. Es werden Materialien der Art M-01 bis M-10<~mit unter-schiedlichen Mengen und Einstandspreisen bevorratet. Die Unternehmensleitung möchte später eine Einteilung der Güter nach A-, B- und C-Gütern vornehmen, um zu entscheiden, welche preiswerteren Güter gelagert werden sollen und welche kurzfristig eingekauft werden können. Zu den Werten siehe das Beispiel im Abschnitt »Die optimale Bestellmenge«. Die erste Berechnung für das Material »M 01«: 3.200 Stück × 30,00 EUR = 96.000,00 EUR Verbrauchswert.

Die Reihenfolge wird wie folgt festgelegt:

Materialarten	Verbrauchsmengen (Stück)	Einstandspreis je Stück (EUR)	Verbrauchswerte (EUR)	Rangfolge nach Verbrauchswerten
M-01	3.200	30,00	96.000,00	4
M-02	600	150,00	90.000,00	5
M-03	2.500	18,00	45.000,00	7
M-04	500	140,00	70.000,00	6
M-05	**800**	**320,00**	**256.000,00**	**1**
M-06	4.200	28,00	117.600,00	2
M-07	7.600	4,50	34.200,00	8
M-08	1.200	85,00	102.000,00	3
M-09	7.200	3,20	23.040,00	9
M-10	6.100	2,30	14.030,00	10
Gesamt	33.900		847.870,00	

Das Material M-05 verursacht die meisten Kosten. A-Güter sind Güter, die mehr als 10 % der Gesamtkosten ausmachen. B-Güter sind solche, deren Gesamtkosten über 4 % liegen. C-Güter sind alle restlichen Güter. Dazu eine Tabelle mit der Aufteilung der Verbrauchswerte in Prozenten:

Einteilung nach A-, B- und C-Gütern		
Materialarten nach der Rangfolge	in %	Güter
M-05	30,19	A
M-06	13,87	A
M-08	12,03	A
M-01	11,32	A
M-02	10,61	A
M-04	8,26	B
M-03	5,32	B
M-07	4,03	B
M-09	2,72	C
M-10	1,65	C
	100,00 %	

Nach dieser Einteilung kann nun die Geschäftsleitung festlegen, wie viel Stück der Güter A, B und C auf Lager liegen sollen oder ob bei den teuren Gütern auf eine Lagerung ganz verzichtet werden kann. Die Materialien würden dann just in time erst kurz vor der Fertigung angeliefert. Wegen eventueller Lieferengpässe müsste dann ein »Pufferlager«, vielleicht in Höhe eines Tagesverbrauches, eingerichtet werden, um möglichst keinen Produktionsstopp zu haben.

> Der Vorteil der ABC-Analyse: Sie gibt der Unternehmungsleitung einen Überblick darüber, bei welchen Gütern eine Kostensenkung, z. B. durch vereinbarte Rabatte oder durch Verzicht auf Lagerung, erreicht werden kann.

Marketing und Absatzwirtschaft

Unternehmen tragen zur Bedarfsdeckung und Bedarfsweckung (Werbung) auf den Märkten bei. Die Absatzwirtschaft schafft die Verbindung zwischen der Produktionswirtschaft und dem Absatzmarkt. Die Absatzwirtschaft umfasst heute unter anderem die Absatzpolitik, die Absatzorganisation, die Marktforschung, die Versandabwicklung sowie die Güterbeförderung.

Unternehmen befassen sich nicht mehr in erster Linie mit der Distribution, also mit der Verteilung der Güter als einem Zweig der Absatzwirtschaft, sondern es kommt ihnen darauf an, den Absatzmarkt systematisch zu erschließen, um die Wünsche der Kunden zu ermitteln und den Unternehmenszielen näher zu kommen. Dies wird als »Marketing« bezeichnet. Dazu sind alle Bereiche des Unternehmens aufgerufen. Dabei geht es um die psychologische Beeinflussung der Kunden und um die Absatzmarkterweiterung. Marketing ist also das Führen eines Unternehmens vom Markt her.

Märkte

Unter einem Markt wird allgemein der Ort verstanden, an dem Angebot und Nachfrage zusammentreffen.

Die Märkte haben sich seit dem Zweiten Weltkrieg vom Verkäufermarkt hin zum Käufermarkt entwickelt.

- Beim Verkäufermarkt ist die Nachfrage größer als das Angebot: Es entsteht ein Nachfrageüberhang.
- Beim Käufermarkt ist die Nachfrage kleiner als das Angebot: Der Käufer kann auf dem Markt aus einer Vielzahl von Angeboten auswählen.

Zusätzlich unterscheidet man Märkte je nach Anzahl der Teilnehmer:

- **Monopol** (griechisch): Es gibt nur einen Teilnehmer als Anbieter oder als Nachfrager; je nachdem, existiert dann entweder ein Angebots- oder ein Nachfragemonopol.
- **Dyopol** oder Duopol: Es gibt zwei Anbieter oder zwei Nachfrager.
- **Oligopol**: Es gibt nur wenige Anbieter oder wenige Nachfrager, z. B. Mineralölgesellschaften.
- **Polypol**: Es gibt viele Anbieter bzw. viele Nachfrager. Diese Marktform wird auch als atomistische (unteilbare) Konkurrenz bezeichnet.

Marktforschung

Unternehmen werden ihren Absatzmarkt ständig beobachten. So erkennen sie eine Verhaltensänderung der Kunden und der Konkurrenz rechtzeitig, damit Gegenmaßnahmen getroffen werden können. Für mögliche neue Absatzgebiete wird das Unternehmen sich der Marktforschung bedienen. Die Marktforschung wird unterteilt in die Primär- und die Sekundärforschung.

- Die Primärforschung bedient sich statistischer Erhebungsmethoden, z.B. schriftliche und mündliche Befragungen von Kunden, Lieferanten und anderen Personenkreisen. Oft werden dafür Marktforschungsinstitute eingesetzt.
- Bei der Sekundärforschung werden alle außer- und innerbetrieblichen Quellenmaterialien gesichtet, die Informationen über das Absatzgebiet geben können. Das hat den Vorteil, dass es nicht so kostenintensiv ist. Der Nachteil: Die Daten sind oft nicht auf dem neuesten Stand.

Auf Basis der gewonnenen Erkenntnissen wird eine Unternehmensstrategie entwickelt. Darin enthalten ist die Festlegung der absatzpolitischen Instrumente.

Die absatzpolitischen Instrumente

Die absatzpolitischen Instrumente sind die Produktpolitik, die Absatzförderung, die Preis- und Konditionenpolitik und die Absatzwege, zusammengefasst kurz PAPA.

P = Produktpolitik: Die Produktpolitik beschäftigt sich mit Neuentwicklungen (Produktinnovationen), mit Verbesserungen (Produktvariationen) und mit der Produktaufgabe (Produktelimination). In der Produktpolitik ist unter anderem die Sortimentspolitik enthalten. Die Produktpolitik legt ferner fest, welche Produkteigenschaften, wie z. B. Leistung, Verwendbarkeit, Lebensdauer, Umweltfreundlichkeit, Gestaltung (Form, Farbe, Verpackung), Markenbildung, erforderlich sind. Maßnahmen der Produktpolitik sind Innovation, d. h. die Entwicklung und Einführung neuer Produkte, Variation, d. h. die Veränderung eingeführter Produkte, Diversifikation, d. h. die Aufnahme von Produkten in das Produktionsprogramm, die für das Unternehmen neu sind, Sortimentspolitik, d. h. Produktprogramm plus Produkterweiterung und Sortimentsbereinigung.

A = Absatzförderung: Die Absatzförderung (Salespromotion) beinhaltet alle Maßnahmen, die eingesetzt werden, um für das Produkt und für das Unternehmen zu werben. Sie beinhaltet neben der reinen Werbung z. B. auch die Unterstützung und Ergänzung des Verkaufs mit Musterkoffern, die Schaufenstergestaltung, die Mitarbeiterschulung. Werbung ist direkt an den Verbraucher gerichtet. Sie ist die psychologische Beeinflussung der Verbraucher durch Werbemittel (Prospekte, Hörfunk- und Fernsehspots usw.) und Werbeträger (Briefpapier, Zeitschriften, Hörfunk, Fernsehen usw.), das Produkt zu kaufen. Eine versteckte Art der Werbeträgernutzung ist das Produktplacement (Produktplatzierung). Produkte werden hier geschickt in die Handlung von Spielfilmen, Theaterstücken usw. eingebracht.

Die Ziele der Werbung sind unter dem Namen »AIDA-Formel« bekannt gemacht worden.

A = Attention (Aufmerksamkeit erregen)
I = Interest (Interesse an dem Produkt zeigen)
D = Desire (Besitzwunsch wecken)
A = Action (Kaufhandlung auslösen)

Die Wirtschaftlichkeit der Werbung wird wie folgt ermittelt:
Umsatzzuwachs ÷ Werbeaufwand = Wirtschaftlichkeit

P = Preis- und Konditionenpolitik: Die Preis- und Konditionenpolitik eines Unternehmens muss darauf abgestimmt sein, welche Preise und Konditionen (Verkaufsbedingungen) sich auf dem Markt durchsetzen lassen, um die Unternehmensziele zu erreichen. Für Preisverhandlungen mit den Kunden können Unternehmen, die eine Teilkostenrechnung (d.h. eine Aufteilung in variable und fixe Kosten) haben, mit der **Deckungsbeitragsrechnung** eine Preisuntergrenze festlegen. Unternehmen, die auf verschiedenen Teilmärkten tätig sind, werden sich durch eine räumliche Preisdifferenzierung anpassen. Daneben gibt es noch andere Preisdifferenzierungen: sachliche (z.B. Markenartikel und No-Name-Ware), zeitliche (z.B. Sommer- und Winterpreise) und persönliche (Wiederverkäuferrabatt, Treuerabatt usw.).

A = Absatzwege: Die Distributionspolitik beschäftigt sich mit der Verteilung, dem Vertrieb der Produkte. Beim direkten Absatz vermarktet das Unternehmen seine Produkte z.B. über Verkaufsniederlassungen selbst. Beim indirekten Absatz bedient man sich der selbstständigen Absatzmittler, so z.B. der Handelsvertreter, Verkaufskommissionäre, Handelsmakler, eines Verkaufskartells (Syndikat = Verkaufsgesellschaft), das dann die Unternehmenserzeugnisse an den Groß- oder Einzelhandel vermittelt. Die Absatzdurchführung ist der Verkauf, d.h., die Verkaufsabteilung führt die Kaufverhandlungen mit den Kunden in Abstimmung mit den internen Betriebsabteilungen.

Absatz = die abgesetzte Menge
Umsatz = Menge × Preis

Das Personalwesen

Das Personalwesen ist der Bereich der BWL, der sich mit dem Produktionsfaktor Arbeit beschäftigt. Es ist in Großbetrieben eine Stabsstelle mit dem Personalleiter und Betriebspsychologen oder -soziologen. Sie sorgen für ein reibungsloses Miteinander innerhalb der Belegschaft und überprüfen die Fluktuationsrate (Arbeitsplatzwechsler pro Abteilung) als einen möglichen Indikator für das Betriebsklima innerhalb der Abteilung. Ihr Rat wird bei Einstellungen, Umsetzungen und Entlassungen von Belegschaftsmitgliedern eingeholt, und sie schlagen Aus- und Weiterbildungen der Mitarbeiter vor. Das Gehalts- und das Lohnbüro dagegen sind keine Stabsstellen. Sie sind Unterabteilungen innerhalb eines Liniensystems. Das Gehaltsbüro ist dem

Verwaltungsbereich und das Lohnbüro wegen der räumlichen Nähe dem Fertigungsbereich zugeordnet.

Die Personalverwaltung

Die Personalverwaltung hat folgende Aufgaben:

- Mithilfe bei der Einstellung von Personal, z.B. interne Stellenausschreibung (am Schwarzen Brett) und externe Stellenausschreibung (z.B. über die Bundesagentur für Arbeit, Annoncen)
- Sichten und Auswerten von Bewerbungen
- Führen von Einstellungsgesprächen
- Anhörung des Betriebsrates
- Einstellung von Personal
- Anlegen der Personalakte
- Anmelden bei der vom Arbeitnehmer genannten Krankenkasse
- Abrechnung von Gehältern und Löhnen
- Ausfertigen von Buchungsanweisungen für die Buchhaltung
- Abrechnung mit dem Finanzamt (Lohnsteuer, Kirchensteuer und Solidaritätszuschlag)
- Abrechnung mit Trägern der Sozialversicherung für die Renten-, Kranken-, Pflege- und Arbeitslosenversicherung
- Bearbeitung von Krankmeldungen

- Mithilfe bei Um- und Versetzungen
- Mithilfe bei Entlassungen: Abmeldungen bei der Krankenkasse
- Erstellen von Bescheinigungen für Behörden
- Erstellen von Arbeitszeugnissen
- Durchführung von Aus- und Weiterbildungen
- Durchlaufpläne für die Auszubildenden
- Erstellen von Statistiken (Betriebs- und Sozialstatistiken)

Teil 2: Kaufmännisches Rechnen

Wer sich mit dem Rechnungswesen beschäftigt, jongliert mit vielen Zahlen. Um diese sicher im Griff zu behalten, sind solide mathematische Kenntnisse nötig. Viele erinnern sich nur vage an die so oft geübten Prozent-, Zins- oder Bruchrechnungen aus Schulzeit und Ausbildung. Mithilfe dieses Kapitels lassen sich die Kenntnisse schnell wieder auffrischen.

Warum das Rechnen so wichtig ist

Rechnen müssen wir alle – im Privaten wie auch im Geschäftlichen. Auch in Unternehmen gehört der Umgang mit Zahlen zum Alltag. Daher sollte man mit den verschiedenen Rechenarten vertraut sein.

Die wichtigsten Rechenarten aus dem Effeff zu kennen, ist unabdingbar für diejenigen, die mit dem Rechnungswesen zu tun haben. Das Rechnungswesen beschäftigt sich mit Zahlen in Form von Prozenten, Zinsen und Zusammenfassungen in Belegen (Rechnungen, Quittungen usw.), die mit Hilfe der vier Grundrechenarten ermittelt werden. In der Kosten- und Leistungsrechnung haben wir es mit Kalkulationen, Kostenaufstellungen, Kostenverteilungen und mehr zu tun. Bei den Kostenverteilungen und gelegentlich in Kalkulationen kommen neben der Prozentrechnung auch Bruchzahlen vor. Auf den folgenden Seiten werden daher alle Rechenarten und deren Regeln noch einmal kurz vorgestellt und so in Erinnerung gerufen.

> Übertragen Sie die Beispiele und Regeln zu den einzelnen Rechenarten in Lernkarteien! Das gilt auch für Definitionen und Buchungssätze. Damit wird die Wiederholung leichter. Übung macht den Meister!

Die Bruchrechnung

Viele Menschen erinnern sich nur bruchstückhaft an die Bruchrechnung. Im Rechnungswesen haben wir es meist nicht mit echten Brüchen, sondern mit Dezimalbrüchen zu tun.

BEISPIEL:

Stellen Sie sich vor, Sie müssen 16 2/3 % Gewinn auf den Selbstkostenpreis von 360 EUR einer Ware rechnen.

Man könnte hier mit einem unechten Bruch von 50/3 rechnen (3 × 16 + 2) oder mit einer Dezimalzahl von 16,666666666 (2 ÷ 3 = 0,666666666). Wobei die meisten die Dezimalzahl auf zwei Stellen runden, also auf 16,67 %. Das würde aber zu einem falschen Ergebnis führen. Es ist also ratsam, entweder mit dem Bruch 50/3 oder mit allen Stellen der Dezimalzahl hinter dem Komma zu rechnen. Da 16 2/3 der 6. Teil von Hundert ist, können Sie auch die Basis durch 6 teilen. (Der Bruchstrich bei 2/3 bedeutet: 2 ÷ 3). Somit ist der Querstrich bzw. Bruchstrich das Zeichen für »geteilt«.

Die Rechnung müsste also im Beispiel lauten:

- (360 × 50) ÷ 100 × 3 = 60,00 EUR Gewinn oder:
- (360 × 16,66666666) ÷ 100 = 59,999999, gerundet 60,00 EUR oder:
- 360 ÷ 6 = 60,00 EUR

Für die Rundung des Ergebnisses ist die 3. Ziffer nach dem Komma entscheidend. Unter 5 wird kaufmännisch abgerundet und ab 5 wird aufgerundet.

Noch eine Aufgabe zum Bruchrechnen:

BEISPIEL:

Eine Konditorin möchte Plätzchen backen. In dem Rezept dazu steht, dass sie 3/16 Liter Milch abmessen soll. Ihr Litermaß zeigt aber nur 1/4, 1/2, 3/4, und 1/1 an. Wie kann sie 3/16 Liter Milch abmessen?

Die Lösung: Der Bruch 3/16 lässt sich zerlegen in 2/16 + 1/16. Der Bruch 2/16 kann im Zähler und im Nenner mit der 2 gekürzt werden: So bleibt die Wertigkeit des Bruches erhalten, nämlich 1/8. Somit lassen sich 1/8 Liter abmessen, also die Hälfte von einem Viertel. 1/16 ist dagegen die Hälfte von einem Achtel!

Beweis: 1/8 ÷ 2 = 1/8 × 1/2 = 1/16 Liter ist die Hälfte von einem 1/8.

Damit haben Sie die Bruchrechnungsregel für das Teilen: Man teilt einen Bruch, indem man den ersten Bruch mit dem Kehrwert, dem reziproken Wert des zweiten Bruches, malnimmt.

Grundregeln der Bruchrechnung

- Was ist der Zähler? Was ist der Nenner?
- Am Beispiel von 1/8 ist 1 = Zähler/8 = Nenner

- Echte Brüche: 1/4, 1/2, 3/4, 3/8
- Unechte Brüche: 3/2, 5/4, 7/5
- Gemischte Zahl: 3 1/4
- Dezimalbrüche: 0,50 EUR, 14,5 km, 3,750 t

Addition und Subtraktion von Brüchen

- Brüche mit unterschiedlichen Nennern müssen erst gleichnamig gemacht werden. Gleichnamige Brüche werden addiert, indem man ihre Zähler addiert und den Nenner beibehält.
- Gemischte Zahlen werden addiert, indem man erst die ganzen Zahlen addiert und dann die Brüche.
- Gleichnamige Brüche werden subtrahiert, indem man ihre Zähler subtrahiert und den Nenner beibehält.

BEISPIEL:

1/2 + 1/3 + 1/4 + 1/8

Zunächst wird der Hauptnenner ermittelt. Der Hauptnenner ist 24, darin sind alle Nenner enthalten. Nun müssen alle Brüche auf diesen Hauptnenner erweitert werden, damit sie ihre Wertigkeit behalten. Der Nenner des ersten Bruches 2 steckt in 24 genau 12-mal. Somit muss der Zähler auch mit 12 multipliziert werden:

1/2 × 12/12 = 12/24

Erweitern Sie die anderen Brüche auf den gleichen Nenner 24. Danach erhalten Sie:

12/24 + 8/24 + 6/24 + 3/24 = 29/24 oder 1 5/24

Multiplikation von Brüchen

- Brüche werden so multipliziert:
  Zähler × Zähler und Nenner × Nenner
- Gemischte Zahlen werden vorher in einen unechten Bruch umgewandelt.

Beispiele

- 1 3/5 × 3 1/2 = 8/5 × 7/2 = 56/10 = 5 6/10 oder gekürzt 5 3/5
- 4 1/2 × 2 = 9/2 × 2/1 = 18/2 = 9

Die Division von Brüchen

Ein Bruch wird durch einen Bruch dividiert, indem man den zweiten Bruch umkehrt und dann Zähler mit Zähler und Nenner mit Nenner multipliziert. Er wird auch »reziproker Wert« genannt (reziprok = Umkehrung des zweiten Bruches).

Aufgabe: 1/4 ÷ 1/8 = 1/4 × 8/1 = 8/4 oder 2

Die Dreisatzrechnung

Der einfache Dreisatz

Der einfache Dreisatz kann ein gerades oder ein ungerades Verhältnis haben. Das gerade Verhältnis wird auch proportionales

Verhältnis genannt. Das ungerade Verhältnis wird als antiproportionales Verhältnis bezeichnet.

1. Das gerade Verhältnis: Der Gesamtpreis einer Ware ist abhängig von der Menge und dem Einzelpreis. Je mehr von einer Ware gekauft wird, desto mehr ist zu zahlen. Umgekehrt: Je weniger eingekauft wird, desto weniger wird bezahlt. Die Veränderung einer Größe zieht die Veränderung einer anderen Größe in gleicher Weise nach sich.

BEISPIEL:

Der Rechnungspreis für 12,50 kg einer Ware beträgt 231,25 EUR mit Mehrwertsteuer. Welchen Preis muss der Kunde zahlen, wenn er 35,50 kg einkauft?

Ansatz	
12,50 kg kosten 231,25 EUR	Bedingungssatz
35,50 kg kosten ? EUR	Fragesatz

- 12,50 kg kosten 231,25 EUR
- 1,00 kg kostet dann 231,25 ÷ 12,50
- 35,50 kg kosten dann (231,25 × 35,50) ÷ 12,50 = 656,75 EUR

Erläuterung: Da wir zuerst auf 1 kg schließen, müssen wir den Gesamtbetrag von 231,25 EUR durch die 12,5 kg teilen. Haben wir mehr als 1 kg, hier 35,50 kg, muss auf dem Bruchstrich entsprechend malgenommen werden, hier mit 35,50.

Ein **Mehr** auf dem Bruchstrich und ein **Weniger** unter dem Bruchstrich!

2. Das ungerade Verhältnis liegt vor, wenn sich durch die Veränderung der einen Größe die andere Größe in umgekehrter Weise ändert.

BEISPIEL:

Eine Arbeitsaufgabe kann in 12 Tagen erledigt werden, wenn 8 Arbeiter eingesetzt werden. Aus betrieblichen Gründen stehen jedoch nur 6 Arbeiter für diese Aufgabe zur Verfügung. Wie viel Tage werden nun benötigt?

Ansatz	
8 Arbeiter benötigen 12 Tage	Bedingungssatz
6 Arbeiter benötigen ? Tage	Fragesatz

- Bei einem Arbeiter: 8 × 12 Tage
- Bei 6 Arbeitern: 8 × 12 ÷ 6, also insgesamt 16 Arbeitstage

Erläuterung: Hier verhält es sich umgekehrt wie beim geraden Verhältnis. Man könnte auch einen Strich durch den Ansatz ziehen, um den Bruchstrich zu erhalten. Da wir auch hier zunächst auf eine Einheit schließen, würde ein Arbeiter mehr Zeit benötigen, also acht Mal so lange (auf dem Bruchstrich). Bei mehr Arbeitern, hier sechs, muss durch sechs geteilt werden (unter dem Bruchstrich).

Der zusammengesetzte Dreisatz

Ein zusammengesetzter Dreisatz oder Vielsatz setzt sich aus zwei oder mehr einfachen Dreisätzen zusammen, die aus geraden und/oder ungeraden Verhältnissen bestehen können.

Da es sich bei der Dreisatzrechnung um eine Verhältnisrechnung handelt, wird der Bedingungssatz wie bei den anderen Dreisätzen zuerst aufgeschrieben. Darunter folgt der Fragesatz. Zu beachten ist, dass die gleichen Einheiten und Begriffe untereinander geschrieben werden. Die Einheit über dem Fragezeichen ist der Ausgangspunkt auf dem Bruchstrich für die anderen Einheiten, die jeweils auf »Eins« bezogen werden. Damit steht das »Mehr« auf dem Bruchstrich und das »Weniger« unter dem Bruchstrich!

BEISPIEL:

Zur Herstellung von 500 Oberhemden benötigen 6 Näher bei einer täglichen Arbeitszeit von 8 Stunden insgesamt 5 Arbeitstage. In welcher Zeit lässt sich ein Auftrag über 750 Oberhemden ausführen, wenn eine Näherin aus betrieblichen Gründen ausfällt und die übrigen Näherinnen dafür eine Stunde pro Tag mehr arbeiten?

Ansatz
500 Hemden von 6 Nähern zu 8 Stunden täglich dauern 5 Tage
750 Oberhemden von 5 Nähern zu 9 Stunden täglich dauern ? Tage

Es ergeben sich mehrere Dreisätze, die zusammengesetzt werden:

- Würde nur ein Hemd hergestellt ohne Veränderung der anderen Bedingungen: 5 Arbeitstage ÷ 500
- Bei 750 Oberhemden: (5 Arbeitstage × 750) ÷ 500
- Würde nur eine Näherin eingesetzt: (5 Arbeitstage × 750 × 6) ÷ 500. Die gesamte Arbeitszeit wäre sechsmal so lang.
- Bei 5 Näherinnen würde sich diese Gesamtzeit wieder verringern: (5 Arbeitstage × 750 × 6) ÷ (500 × 5)
- Bei nur einer Stunde täglicher Arbeitszeit würde sich die Gesamtarbeitszeit wieder verlängern, also mal 8:

  (5 Arbeitstage × 750 x6 × 8) ÷ (500 x5)
- Bei 9 Stunden täglicher Arbeitszeit, verringert sich die Gesamtarbeitszeit, geteilt durch 9:

  (5 Tage × 750 x6 × 8) ÷ (500 × 5 × 9) = 8 Arbeitstage

Kettensatz statt geradem Dreisatz

Eine besondere Form der kaufmännischen Rechenarten ist der Kettensatz. Er findet seine Anwendung in erster Linie im Warenverkehr mit ausländischen Kunden und Lieferanten bei fremden Währungen und Gewichts- bzw. Maßeinheiten. Er kann jedoch auch statt des Dreisatzes angewandt werden; allerdings nur bei Dreisätzen mit **geraden** Verhältnissen.

BEISPIEL:

Ein Kaufmann importiert Ware aus England. Der Preis beträgt £ 120,40 für 1 cwt (= centweight oder hundredweight = 50,8 kg). Welcher EUR-Wert ergibt sich für 1 kg dieser Ware? 1 EUR = 0,89 £

Der Kettensatz fängt immer mit der in Frage stehenden Größe an. Die Bezeichnung der rechten Seite wird auf der linken Seite wiederholt, bis Sie zur Bezeichnung der in Frage stehenden Größe kommen. Der Kettensatz wird immer nach **links** gekippt; damit liegt die rechte Seite auf dem Bruchstrich und die linke Seite unter dem Bruchstrich.

Lösung mit dem Kettensatz

? EUR	=	1 kg
50,8 kg	=	1 cwt
1 cwt	=	120,40 £
0,89 £	=	1,00 EUR

Die Lösung lautet:

(1 × 1 × 120,40 × 1) ÷ (50,8 × 1 × 0,89) ≈ 2,66 EUR für ein kg

Oder kurz: 120,40 ÷ (50,8 × 0,89) = 2,66 EUR (gerundet)

Die Prozentrechnung

Beim Prozentrechnen (pro Cent = vom Hundert) dreht sich alles um drei zentrale Begriffe: den Grundwert, den Prozentsatz und den Prozentwert. Zwei dieser Größen sind immer gegeben. Die dritte Größe kann mithilfe der von mir erstellten Kippformel für die Prozentrechnung ganz einfach errechnet werden.

Prozentwert	Grundwert
100 %	Prozentsatz

Verdecken Sie die gesuchte Größe in der Tabelle und kippen Sie dann diese Formel zu der Seite, die Sie zugehalten haben. Auf diese Weise erhalten Sie den Bruchstrich.

Die Kippformel

BEISPIEL:

Ein Käufer bekommt auf den Listenpreis einer Ware in Höhe von 25.000 EUR einen Rabatt von 20 %. Wie hoch ist der Rabatt in EUR? Wie viel muss er letztendlich zahlen?

Lösung: Der Grundwert beträgt 25.000 EUR. Das sind 100 %. Der Prozentsatz wird mit 20 % angegeben, und der Prozentwert in EUR wird gesucht.

? (Prozentwert)	25.000,00
100 %	20 %

Anwendung der Kippformel für die Prozentrechnung: Sie verdecken die gesuchte Größe »Prozentwert«, somit kippt der »Baum« auf die linke Seite. Damit ergibt sich:

(Grundwert × Prozentsatz) ÷ 100 = Prozentwert

(25.000 × 20) ÷ 100 = 5.000,00 EUR Prozentwert (Rabatt).

Oder mit dem Taschenrechner:
25.000 × 20 (Prozenttaste) = 5.000,00 EUR. Die Prozenttaste teilt das Produkt aus der Multiplikation durch 100.

BEISPIEL:

Ein Kunde bekommt 3 % Skonto bei Barzahlung. Das heißt, er darf 36 EUR vom Rechnungsbetrag abziehen. Wie hoch ist der Rechnungsbetrag bzw. der Grundwert?

Anwendung der Kippformel: Sie verdecken die gesuchte Größe »Grundwert«. Der »Baum« kippt auf die rechte Seite, die Sie zugehalten haben. Es ergibt sich:

(Prozentwert × 100) ÷ Prozentsatz = Grundwert

(36 × 100) ÷ 3 = 1.200,00 EUR Grundwert (Rechnungsbetrag)

BEISPIEL:

Ein Lieferant bietet seinem Kunden einen nachträglich gewährten Rabatt (Bonus) in Höhe von 3.600 EUR bei einem erreichten Umsatz von 30.000 EUR an. Wie hoch ist der Prozentsatz?

Anwendung der Kippformel: Sie verdecken die gesuchte Größe »Prozentsatz«, somit kippt der »Baum« auf die rechte Seite, die Sie zugehalten haben. Es ergibt sich:

(Prozentwert × 100) ÷ Grundwert = Prozentsatz

(3.600 × 100) ÷ 30.000 = 12 % Prozentsatz

Vermehrter/verminderter Grundwert

Neben der Prozentrechnung vom Hundert gibt es auch die Prozentrechnung vom vermehrten und vom verminderten Grundwert.

BEISPIEL:

Der Lieferant stellt dem Kunden eine Rechnung einschließlich 19 % Mehrwertsteuer aus. Die Gesamtrechnung lautet auf 3.570 EUR. Wie hoch ist die Mehrwertsteuer in EUR?

Lösung: Der Nettowert der Ware bildet den Grundwert von 100 %. Darauf kommt die Mehrwertsteuer von 19 %. Somit ist der Bruttorechnungsbetrag 119 %. Die Aufgabe lässt sich mit dem Dreisatz lösen:

119 % entspricht dem Betrag von 3.570,00 EUR

19 % Mehrwertsteuer sind dann ? EUR

(3.570 × 19) ÷ 119 = 570,00 EUR Mehrwertsteuer

BEISPIEL:

Ein Unternehmer rechnet in seine Kalkulation auf den Zielverkaufspreis von 2.700 EUR einen Rabatt von 15 % im Hundert ein. Im Hundert deshalb, weil der Kunde, wenn er diesen Rabatt bekommt, später die

15 % vom Listenverkaufspreis, bzw. für ihn Listenverkaufspreis, rechnet (siehe hierzu auch die Handelskalkulationsaufgabe im nächsten Abschnitt).

Lösung: Der Unternehmer setzt in seiner Rechnung den Zielverkaufspreis mit 85 % ein, also 100 % - 15 %.

Die Rechnung lautet:
(2.700 × 15) ÷ 85 = 476,47 EUR Rabatt

Der Zielverkaufspreis von 2.700,00 EUR + 476,47 EUR Rabatt = 3.176,47 EUR ergibt den Listenverkaufspreis, netto ohne Mehrwertsteuer. Nehmen wir an, der Kunde bekommt die 15 % Rabatt, dann würde er diese vom Listenverkaufspreis abziehen. Die Rechnung lautet:

(3.176, 47 × 15) ÷ 100 = 476,47 EUR Rabatt

Die Handelskalkulation

Wie der Name schon sagt, wird die Handelskalkulation in erster Linie in Handelsbetrieben (Einzel- und Großhandel) angewandt. Die Industriebetriebe verwenden neben ihren speziellen Kalkulationen die Handelskalkulation für ihre eingekaufte Handelsware, also die Ware, die sie selber nicht hergestellt haben, sondern zur Erweiterung des Sortiments von anderen Unternehmen bezogen haben. Die Handelskalkulation lässt sich mit folgender Aufgabe erklären:

Ein Großhändler bezieht eine Ware mit dem Listenpreis von 3.600 EUR. Der Lieferant gewährt einen Rabatt von 15 % und bei Zahlung innerhalb von 14 Tagen 3 % Skonto. An Bezugskosten für die Fracht fallen 200 EUR an. Die Geschäftskosten des Großhändlers sollen zu 16 2/3 % verrechnet werden. Zusätzlich sollen 12,5 % Gewinn, 3 % Kundenskonto, 2 % Vertreterprovision und 10 % Kundenrabatt eingerechnet werden.

1. Wie hoch ist der Angebotspreis?
2. Wie hoch ist der Gewinn, wenn der Kunde 50 EUR weniger zahlen möchte?
3. Wie viel Prozent beträgt der neue Gewinn?
4. Wie hoch ist der Rohgewinn?
5. Wie viel betragen Kalkulationsfaktor, Kalkulationszuschlag und die Handelsspanne?

> Beachten Sie, dass der Kundenskonto, die Vertreterprovision und der Kundenrabatt im Hundert gerechnet werden müssen. Kundenskonto und Vertreterprovision können dabei in einem Prozentsatz von 5 % und zu einem Betrag gerechnet werden. Falls Sie einzeln rechnen, müssen Sie in diesem Fall jeweils durch 95 teilen! (100 % – 5 %)

Zu Frage 1: Der Angebotspreis – die Vorwärtsrechnung (Handelskalkulation)

Listeneinkaufspreis	3.600,00
– Liefererrabatt 15 %	540,00
= Zieleinkaufspreis	3.060,00
– Liefererskonto 3 %	91,80
= Bareinkaufspreis	2.968,20
+ Bezugskosten	200,00
= Bezugs- oder Einstandspreis	3.168,20
+ Geschäftskosten 16 2/3 %	528,03
= Selbstkosten	3.696,23
+ Gewinn 12,5 %	462,03
= Barverkaufspreis	4.158,26
+ Vertreterprovision 2 %	
+ Kundenskonto 3 % = 5 %	218,86
= Zielverkaufspreis	4.377,12
+ Kundenrabatt 10 %	486,35
= Listenverkaufspreis	4.863,47

Jede Ausrechnung wird kaufmännisch gerundet, d. h., unter 5 wird abgerundet und ab 5 wird aufgerundet. Wie schon erwähnt, darf der Bruch 16 2/3 als Dezimalbruch nicht gerundet werden. Er wird mit allen Stellen im Rechner, also mit 16,6666666, gerechnet. Die Vertreterprovision und der Kundenskonto werden zu 5 % = (4.158,26 × 5) ÷ 95 gerechnet. Sollten Sie die Einzelrechnung vorziehen, so bedenken Sie, dass Sie bei beiden Rechnungen durch 95 teilen, da Sie vom gleichen Grundwert ausgehen müssen. Der Kundenrabatt wird mit 10 % = (4.377,12 × 10) ÷ 90 im Hundert gerechnet.

Zu Frage 2: Ermittlung des Gewinns – die Rückwärtskalkulation

Wenn der Kunde 50 EUR weniger zahlen möchte, so müssen Sie vom Listenpreis vermindert um die 50 EUR die Kalkulation rückwärts rechnen (retrograd), damit Sie auf den veränderten Gewinn kommen. Das ist die Differenz vom errechneten Barverkaufspreis zum festen Selbstkostenpreis.

Selbstkosten + Gewinn (neu)	3.696,23 419,28
= Barverkaufspreis + Vertreterprovision 2 % + Kundenskonto 3 % = 5 %	4.115,51 216,61
= Zielverkaufspreis + Kundenrabatt 10 %	4.332,12 481,35
= Listenverkaufspreis	4.813,47

Lösungsweg:

- 4.863,47 EUR – 50,00 EUR = 4.813,47 EUR
- 4.813,47 EUR – 10 % = 4.332,12 EUR
- 4.332,12 EUR – 5 % = 4.115,51 EUR

Die Differenz: 4.115,51 – 3.696,23 = 419, 28 EUR Gewinn

Zu Frage 3: Prozentsatz des Gewinns

(419,28 × 100) ÷ 3.696,23 = 11,3434449 ≈ 11,34 %

Zu Frage 4: Der Rohgewinn

Der Rohgewinn ist der Aufschlag vom errechneten Einstandspreis zum Listenverkaufspreis aus der vorher erstellten Handelskalkulation: 4.863,47 – 3.168,20 = 1.695,27 EUR

Listenverkaufspreis – Einstandspreis = Rohgewinn

Zu Frage 5: Kalkulationsfaktor, -zuschlag und Handelsspanne

Mit dem Kalkulationsfaktor und mit dem Kalkulationszuschlag lässt sich die Spanne zwischen dem eingekauften Einstandspreis zum Listenverkaufspreis berechnen. In zukünftigen Kalkulationen kann der Listenverkaufspreis durch die Multiplikation Einstandspreis mit dem Kalkulationsfaktor schnell errechnet werden. Die Handelsspanne dient der schnellen Berechnung für die Rückwärtskalkulation: Wenn der Kunde einen Preis nennt, muss der Verkäufer rasch ermitteln können, ob er die Ware zu dem errechneten Einstandspreis einkaufen kann.

Listenverkaufspreis ÷ Einstandspreis = Kalkulationsfaktor

4.863,47 ÷ 3.168,20 = 1,5350893 Kalkulationsfaktor (mit mehreren Stellen nach dem Komma).

Der Kalkulationsfaktor ist ein Multiplikator, mit dem man den Einstandspreis multipliziert und damit den Listenverkaufspreis erhält. In den Unternehmen wird der Kalkulationsfaktor etwas begradigt, so dass man ihn besser in Erinnerung behalten kann.

Der Kalkulationszuschlag ist der in Prozenten ausgedrückte Rohgewinn zum Einstandspreis.

(Rohgewinn × 100) ÷ Einstandspreis = Kalkulationszuschlag in %

(1.695,27 × 100) ÷ 3.168,20 ≈ 53,51 % Kalkulationszuschlag

Die Handelsspanne wird für die schnelle Rückwärtsrechnung genommen, um zu ermitteln, ob ausgehend von einem Preis, den der Kunde nennt, zu dem rückwärts gerechneten Einstandspreis eingekauft werden kann.

(Rohgewinn × 100) ÷ Listenverkaufspreis = Handelsspanne in %

(1.695, 27 × 100) ÷ 4.863,47 ≈ 34, 86 % Handelsspanne

Die Zinsrechnung

In der deutschen Zinsrechnung werden 30 Tage pro Monat zugrundegelegt, und das Jahr wird mit 360 Tagen gerechnet. In der französischen Zinsrechnung werden die Tage genau nach dem Kalender gerechnet, also auch Monate mit 31 Tagen, jedoch das Jahr ebenfalls mit 360 Tagen. Diese Rechnung wird auch bei der Refinanzierung der EZB (Europäische Zentralbank) angewandt. Die englische Zinsrechnung geht von genauen Kalendertagen aus, rechnet aber mit 365 Tagen bzw. 366 Tagen bei Schaltjahren. Diese Methode wird auch für die Zinsberechnung bei Bundeswertpapieren zugrunde gelegt. In den Prüfungsaufgaben der IHK wird die deutsche Zinsmethode angewandt.

Die Zinsrechnung kennt vier Größen und damit vier Bruchstriche:

- Kapital in EUR
- Zeit (Tage, Monate, Jahre)
- Zinssatz in %
- Zinsen in EUR

Zur Vereinfachung, um nicht vier Bruchstriche (Formeln) auswendig lernen zu müssen, bedienen wir uns wieder eines Baumes, dem »Zinsbaum«, der auch als Kippformel der Zinsberechnung bekannt ist.

100	K = Kapital
360	T = Tage
Z = Zinsen	p = Zinssatz

Durch das Verdecken der gesuchten Größe kippt der »Zinsbaum« zu der Seite, die wir zugehalten haben. Damit erhalten wir den Bruchstrich. Drei Größen stehen bei den vier Formeln immer jeweils auf dem Bruchstrich und zwei unter dem Bruchstrich.

Zinsen berechnen

BEISPIEL:

Ein Kapitalanleger investiert 30.000 EUR zu 4 % vom 15. Januar bis zum 31. Dezember des gleichen Jahres. Wie viel Zinsen erhält er?

Lösung: Durch das Zuhalten des Z in der Kippformel für Zinsen kippt der »Baum« zur linken Seite. Die rechte Seite steht auf dem Bruchstrich und die linke Seite unter dem Bruchstrich:

(K × p × T) ÷ (100 × 360) = Tageszinsen

Zur Berechnung der Tage können Sie sich eines Tricks bedienen: Schreiben Sie die Daten untereinander und ziehen Sie die Werte voneinander ab. Da jeder Monat mit 30 Tagen gerechnet wird, sind auch der Dezember oder andere 31-Tage-Monate mit 30 Tagen zu rechnen.

30.12.
– 15.01.
15.11.

11 Monate × 30 Tage = 330 Tage + 15 Tage = 345 Tage

Die Werte eingesetzt in die Zinsformel lauten:

(30.000 × 4 × 345) ÷ (100 × 360) = 1.150,00 EUR Zinsen

Was tun, wenn z.B. die Zeit vom 25. Januar bis zum 10. Dezember zu rechnen wäre? Die Lösung lautet: Auch hier werden die Daten untereinander geschrieben:

10.12.
- 25.01.

Wir können zwar die Monate voneinander abziehen, aber nicht die Tage. Hier müssen wir den Dezember in 30 Tage umwandeln und diese den Tagen hinzurechnen, d.h., aus den 10 Tagen werden 40, und der Monat wird von 12 auf 11 gekürzt.

40.11.
- 25.01.
15.10.

Damit haben wir 10 Monate und 15 Tage, also insgesamt 300 Tage + 15 Tage = 315 Tage.

Die Kapitalberechnung

Im Beispiel oben soll nun das Kapital ermittelt werden, das der Anleger erhält.

Lösung: Durch das Zuhalten des K (Kapital) in der Kippformel fällt der »Baum« zur rechten Seite.

(Z × 100 × 360) ÷ (t × p) = Kapital

(848,75 × 100 × 360) ÷ (138 × 5,75) = 38.506,62 EUR Kapital

Nach dem gleichen Schema lassen sich Aufgaben, in denen die Tage oder der Zinssatz gesucht werden, berechnen.

Effektivverzinsung des Skontos

Stellen Sie sich vor, Ihre Waschmaschine ist vor Kurzem kaputtgegangen, und eine Reparatur lohnt sich nicht mehr. Sie brauchen also schnell eine neue Maschine. Deshalb kaufen Sie eine neue Waschmaschine im Wert von 900,00 EUR einschließlich 19 % Mehrwertsteuer bei der Lieferfirma Anton Müller. Die Zahlungsbedingungen lauten: Zahlbar unter Abzug von 3 % Skonto innerhalb von 10 Tagen oder 30 Tage netto Kasse (ohne Abzug). Da Sie das Geld gerade nicht haben, nehmen Sie einen kurzfristigen Kredit zu 14 % Zinsen per annum (= pro Jahr) auf, zumal Sie gerne die 3 % Skonto in Anspruch nehmen möchten.

1. Wie hoch ist der Skontobetrag?
2. Wie hoch ist der Überweisungsbetrag?
3. Wie hoch ist der aufzunehmende Kreditbetrag?
4. Wie viel Tage müsste die Laufzeit des Kredits betragen, damit sich Skonto und Zinsen rechnen?
5. Wie hoch sind die Zinsen der Bank in EUR?
6. Wie hoch ist die Differenz zwischen Skonto und Zinsen in EUR?
7. Wie hoch ist die Effektivverzinsung (tatsächliche Verzinsung) des Skontos auf ein Jahr bezogen? (Näherungslösung)

8. Wie lautet die genaue Berechnung in den kaufmännischen Prüfungen?

Lösungen:

1. (900,00 EUR × 3) ÷ 100 = 27,00 EUR Skonto
2. 900,00 – 27,00 EUR = 873,00 EUR Überweisungsbetrag
3. Sie müssen nur den Barzahlungsbetrag von 873,00 EUR aufnehmen, nicht den gesamten Rechnungsbetrag, da Sie unter Abzug von Skonto zahlen.
4. Sie können am 10. Tag noch unter Abzug von Skonto bezahlen, also 20 Tage früher, so dass Sie den Kredit für 20 Tage aufnehmen.
5. Sie halten das **Z** im Zinsbaum zu, und der »Baum« fällt nach links.
   - (K × p × Tg) ÷ (100 × 360) = Zinsen
   - (873,00 × 20 × 14) ÷ (100 × 360) = **6,79 EUR Zinsen**
6. 27,00 EUR Skonto – 6,79 EUR Zinsen = **20,21 EUR Ersparnis**
7. Wir fangen wieder mit der Frage an:

? %	= 360 Tage
20 Tage	= 3 %

   (360 × 3) ÷ 20 = 54 % als Näherungslösung
8. Die genaue Berechnung mit der Prozentformel aus der Zinsrechnung: Wir verdecken das P (Prozent) im Zinsbaum. Da-

mit kippt der »Baum« auf die rechte Seite, die nun unter dem Bruchstrich steht:

- (Z × 360 × 100) ÷ [(100 – Skontosatz) × Tage] = %
- (3 × 360 × 100) ÷ (97 × 20) = **55,67 %**

In dieser Formel wurde vereinfacht von einer Rechnung in Höhe von 100 EUR ausgegangen. Da man bei 3 % Skonto 97 EUR bezahlen muss, wurden diese Werte eingesetzt. Sie können natürlich auch die Werte aus dem Beispiel einsetzen: 27 EUR und 873 EUR.

Es kommt dasselbe heraus. Mit dieser kleinen Aufgabe, die in ähnlicher Form in Prüfungen abgefragt wird, soll dargestellt werden, wie wichtig die Ausnutzung des Skontos selbst bei einer Kreditaufnahme ist. Sie können sich vorstellen, dass bei Investitionen von Anlagen mit hohen Anschaffungswerten die Zahlung unter Abzug von Skonto noch lohnender ist.

Der gewogene Durchschnitt

Am Bilanzstichtag werden mittels der Inventur u. a. die Warenvorräte sowie die Roh-, Hilfs- und Betriebsstoffe mengen- und wertmäßig für die Bilanz ermittelt (lesen Sie mehr zu diesen Punkten im Teil 3 dieses TaschenGuides). Da die eingekauften Waren und Stoffe einer Gruppe nicht alle zur gleichen Zeit eingekauft wurden, haben sie auch verschiedene Einstandspreise. Aus den Werten »Menge mal Einzelpreis« wird daher der gewogene Durchschnitt (gewogenes arithmetisches Mittel) errechnet. Der errechnete Durchschnittspreis wird dann mit dem Tagespreis am Bilanzstichtag verglichen. Der niedrigere Preis von beiden wird in der Bilanz als Ansatz für die noch vorhandene Warenmenge genommen. Dieses Prinzip ist im Handelsgesetzbuch vorgegeben (§ 240 Abs. 4 HGB). Man spricht vom Imparitätsprinzip (impari = ungleich), da zwei ungleiche Werte zur Verfügung stehen.

Ein Beispiel:

Ware XYZ	Stückzahl	Preis je St.	Gesamtwert
01. Jan. AB	500	12,00	6.000,00
15. Jan.	800	11,50	9.200,00
20. Feb.	900	11,00	9.900,00
10. März	1.200	10,50	12.600,00
12. Mai	1.100	11,20	12.320,00
05. Juli	1.500	10,80	16.200,00
10. Sept.	1.300	12,40	16.120,00
12. Nov.	1.600	12,20	19.520,00
∑	8.900		101.860,00

101.860 ÷ 8.900 = 11,44 EUR gewogener Durchschnitt

Bewertung von Materialien zum Bilanzstichtag

Nehmen wir an, der Endbestand laut Inventur wäre 800 Stück und der Preis am Bilanzstichtag würde am Markt bei 11,50 EUR liegen, so müssten die 800 Stück mit 11,44 EUR multipliziert werden, da dieser Preis niedriger ist (sog. Niederstwertprinzip). Das Ergebnis von 9.152 EUR würde dann in die Bilanz übernommen. Wäre der Marktpreis z. B. 11,30 EUR, so müsste dieser zum Ansatz kommen.

Teil 3: Rechnungswesen

Das betriebliche Rechnungswesen mit seinen fremden Begriffen und kompliziert anmutenden Formeln erschließt sich nicht auf Anhieb. Jeder, der sich mit kaufmännischen Abläufen beschäftigt bzw. beschäftigen wird, sollte jedoch die Grundlagen der Materie kennen. Denn es gilt: Das Rechnungswesen zeigt, wie ein Unternehmen aus finanzieller Perspektive funktioniert.

Die Bereiche des Rechnungswesens

Das Rechnungswesen wird unterteilt in die Bereiche Buchführung, Kosten- und Leistungsrechnung, Planung, Statistik und Kontrolle.

Bereiche des Rechnungswesens

Die Buchführung

Die Hauptaufgabe der Buchführung ist die lückenlose und ordnungsgemäße Erfassung aller Geschäftsfälle eines Unternehmens. Sicher ist Buchführung ein eher trockenes und zahlenlastiges Thema. Die Buchführung, die auch Buchhaltung oder Finanzbuchhaltung genannt wird, ist jedoch nicht etwa nur ein lästiges Übel in Prüfungen der IHK oder an Hochschulen. Sie spielt eine große Rolle in Betrieben. Kaufleute sind gesetzlich dazu verpflichtet, die Geschäftsfälle buchhalterisch zu erfassen. Zudem benötigen sie die Zahlen für ihre Unternehmensziele, wie etwa die Gewinnmaximierung und die Umsatzmaximierung, für die betriebswirtschaftlichen Planungen und Entscheidungen, zur Kontrolle der Finanzen, zur Überwachung der Zahlungen von Kunden oder an Lieferanten und für die Preiskalkulationen.

Die Buchführung ist eine sog. Ex-post-Analyse, d.h., sie übernimmt die Zahlen von bereits vergangenen Geschäftsfällen. Deren Auswertung in Form der Betriebsstatistik benötigt die Unternehmensleitung für ihre Unternehmensplanung.

Die Buchführung umfasst das Ordnen von Belegen, das Formulieren von Buchungssätzen, das Eintragen in Konten und den Abschluss der Konten durch die Saldenbildung (Differenz). Damit wiederholt sich jedes Jahr der folgende Vorgang: Konten eröffnen, Geschäftsfälle in Buchungssätze umwandeln und buchen. Zum Jahresabschluss sind die Konten abzuschließen, d.h., eine Gewinn- und Verlustrechnung sowie eine Bilanz sind zu erstellen.

Die Kosten- und Leistungsrechnung

Die Abteilung »Kosten- und Leistungsrechnung« erfasst die Kosten und die Leistungen (Produkte, inner- und außerbetriebliche Aufträge), die in einem Betrieb anfallen bzw. erbracht werden. Sie kontrolliert und verrechnet, d.h. kalkuliert die Kosten auf die Kostenträger, also auf die Produkte bzw. Aufträge. Außerdem erstellt sie Kostenstatistiken, Kostenplanungen, Betriebsabrechnungsbögen (BAB), um die Kosten nach dem Verursachungsprinzip und die allgemein anfallenden »Gemeinkosten« auf die Kostenstellen (= Abteilungen) zu verteilen und zu kontrollieren. Die dort ermittelten Gemeinkostenzuschläge werden in Kalkulationen verrechnet.

> Von Gemeinkosten spricht man, weil sie »allgemein« anfallen und im Gegensatz zu den Einzelkosten (Material und Fertigungslöhne) nicht direkt einem Produkt oder Leistung zugeordnet werden können. Beispiele für Gemeinkosten sind Energiekosten, Reinigungskosten, Abschreibungen auf Anlagen.

Die Planung

Geplant wird in allen Unternehmensbereichen. So werden in der Fertigungswirtschaft Materialplanungen (Stücklisten), Personaleinsatzpläne, Maschinenbelegungspläne (Ganttdiagramme) und für größere Projekte zur Terminplanung sogenannte Netzpläne erstellt. Es werden Produkte, Umsätze, Kosten, Gewinne u.a. geplant. Das geschieht meistens in Form von Wirtschafts- und Bilanzkennzahlen, z.B. mit der Eigenkapital- und Umsatzrentabilität.

Kontrolle und Statistik

Die beste Planung hilft nichts, wenn ihre Einhaltung später nicht kontrolliert wird. Dazu werden die geplanten Wirtschafts- und Bilanzkennziffern mit den Istkennziffern abgeglichen. Die Ergebnisse dieser Überprüfung werden in der Betriebsstatistik dargestellt in Form von Diagrammen. Üblich ist auch das Aufstellen und Vergleichen der Bilanzzahlen aus früheren Bilanzen. Die Abweichungen ergeben eine »Bewegungsbilanz«. Bei der Außenfinanzierung von Banken werden von diesen für die Höhe des Kredits ebenfalls Bilanzkennziffern erstellt.

Buchführungs- und Bilanzierungspflicht

Jeder Kaufmann ist nach § 238 HGB verpflichtet, Bücher zu führen und alle Geschäftsfälle lückenlos und geordnet zu erfassen. Im Einzelnen sind sie damit zu folgendem verpflichtet:

- Sie müssen einen Jahresabschluss erstellen (Bilanz und Gewinn- und Verlustrechnung).
- Sie müssen die Doppelte Buchführung durchführen.
- Sie müssen eine Inventur durchführen.

Seit 2010 sind Einzelkaufleute von der handelsrechtlichen Buchführungspflicht befreit, wenn sie nur einen kleinen Geschäftsbetrieb führen. Das ist der Fall, wenn in zwei aufeinander folgenden Geschäftsjahren der Umsatz nicht mehr als 500.000 EUR und der Gewinn nicht mehr als 50.000 EUR betragen. Es ist dann nur eine Einnahmen-Überschussrechnung erforderlich.

Die Grundsätze ordnungsmäßiger Buchführung (GoB)

Kaufleute, die buchführungspflichtig sind, müssen die Grundsätze ordnungsmäßiger Buchführung, kurz GoB, einhalten. Die wichtigsten dieser Grundsätze, die teils in Gesetzen niedergelegt, teils durch die Rechtsprechung festgelegt worden sind, sind die folgenden:

Klare und übersichtliche Buchführung

- Buchungen dürfen nicht unleserlich gemacht werden.
- Vermögenswerte und Schulden sowie Erträge und Aufwendungen dürfen jeweils nicht miteinander verrechnet werden.
- Die Gliederung des Jahresabschlusses muss übersichtlich sein.
- Die Organisation der Buchführung muss sachgerecht und überschaubar sein, d. h., Belege müssen nummeriert sein, es sind erklärende Symbole und überschaubare Ablagesysteme anzulegen.

Ordnungsmäßige Erfassung aller Geschäftsvorfälle

- Alle Geschäftsvorfälle (Belege) sind fortlaufend und vollständig, richtig, sachlich geordnet und zeitgerecht zu buchen.
- Kasseneinnahmen und -ausgaben sind täglich, z. B. in einem Kassenbuch zu erfassen.

Keine Buchung ohne Beleg

- Alle Buchungen müssen durch Belege nachprüfbar sein.
- Die Belege müssen fortlaufend nummeriert und geordnet aufbewahrt werden.

Ordnungsmäßige Aufbewahrung der Buchführungsunterlagen

- Alle Buchungsbelege, Buchhaltungsprogramme, Konten, Bücher, Inventare, Eröffnungsbilanzen, Jahresabschlüsse einschließlich Anhang (Erläuterung der Bilanz und der Gewinn- und Verlustrechnung) sowie Lagebericht (Informationen über den Geschäftsablauf im Abschlussjahr, die wirtschaftliche Lage, Personalentwicklung und die voraussichtliche Entwicklung des Unternehmens) sind **zehn Jahre** geordnet aufzubewahren. Kaufmännische Unterlagen, die mit der eigenen EDV erstellt wurden, müssen seit 2002 elektronisch archiviert werden.
- Buchführungsunterlagen, außer der Eröffnungs- und Schlussbilanz, können auf Bild- oder Datenträgern (also z. B. externen Festplatten, CDs und DVDs) aufbewahrt werden. Jedoch müssen die gespeicherten Daten jederzeit auf dem Bildschirm oder einem Ausdruck sichtbar bzw. lesbar zu machen sein.

> Als Grundregel gilt: Keine Buchung ohne Beleg!

Aufbewahrung und Ablage

Die Aufbewahrungsfrist für Belege beträgt zehn Jahre.

BEISPIEL:

Die Eingangsrechnung (ER) Nr. 150 trägt das Eingangsdatum 15.02. Bis zu welchem Datum muss die Rechnung aufbewahrt werden?

Die Frist von 10 Jahren beginnt am 01.01. des nächsten Jahres und endet am 31.12. in zehn Jahren.

In größeren Betrieben werden nicht alle Belege abgeheftet, sondern sie werden eingescannt. Die Originalbelege werden vernichtet. Allerdings muss jeweils auch eine Sicherung der Daten erfolgen, damit der Beleg später jederzeit in seinem Ursprungszustand ausgedruckt werden kann, z.B. bei Betriebsprüfungen des Finanzamtes. In kleineren Betrieben werden die Belege im Original alphabetisch und die Duplikate nach Nummern abgelegt. Belegnummern erleichtern das Buchen.

Arten von Belegen

Im Rechnungswesen wird je nach der Herkunft der Belege nach internen Belegen (Eigenbelege) und externen Belegen (Fremdbelege) unterschieden.

- Interne Belege sind z.B. Kopien der Ausgangsrechnungen, Durchschriften von Begleitbriefen für weitergegebene Schecks und Wechsel, Belege über Privatentnahmen, Lohn-

und Gehaltsbelege, Belege über Storno- und Umbuchungen sowie Abschlussbuchungen und Quittungsdurchschriften.

- Externe Belege sind z. B. Eingangsrechnungen von Lieferanten, Bankbelege, Begleitbriefe zu erhaltenen Schecks und Wechseln, Postbelege, Gutschriftanzeigen und Quittungen.

Die Doppelte Buchführung

Die Doppelte Buchführung ist die maßgebliche Form der Finanzbuchhaltung in Betrieben. In manchen Veröffentlichungen wird das »Doppelt« dadurch erklärt, dass man in einem Konto auf der Sollseite und im anderen Konto auf der Habenseite bucht. Dieser Buchungsvorgang ist zwar richtig, der Name »Doppelte Buchführung« stammt tatsächlich jedoch daher, dass in der manuellen Buchführung zwei Bücher geführt werden: das Grundbuch und das Hauptbuch.

- Im Grundbuch, auch als Tagebuch oder Journal (von »le jour«: französisch für »der Tag«), bezeichnet, werden die täglichen Geschäftsfälle erfasst. Damit wird eine zeitliche (chronologische) Ordnung erreicht. Nicht zu verwechseln ist dieses Grundbuch mit demjenigen, das beim Katasteramt für die Grundstücke geführt wird.
- In dem Hauptbuch wurden die Buchungen der Geschäftsvorfälle auf sog. T-Konten vorgenommen.

Mittlerweile führen die meisten Unternehmen ihre Buchhaltung mit einer entsprechenden Software.

Neben der Finanzbuchhaltung mit ihren Buchungen und Veränderungen der Bilanz-, Aufwands- und Ertragskonten, gibt es sogenannte Unterbuchhaltungen, die je nach Größe bzw. Umfang eines Unternehmens in einzelne Abteilungen eingerichtet sind. So gibt es die Kontokorrentbuchhaltung mit den Kreditoren (Lieferanten), den Debitoren (Kunden), die Lagerbuchhaltung, die Lohn- und Gehaltsbuchhaltung, die Kassenbuchhaltung für Barzahlungen und die Anlagenbuchhaltung. Zudem gibt es das Posteingangsbuch, das Wareneingangsbuch und das Bankbuch.

Einstieg in die Buchführungstechnik

Unternehmen sind verpflichtet, alle Geschäftsfälle buchhalterisch zu erfassen, also zu buchen. Geschäftsfälle sind alle kaufmännischen Vorgänge wie z.B. Ein- und Verkäufe von Waren und die dazu gehörenden Zahlungen.

Um überhaupt buchen zu können, braucht man Belege und Konten.

- Belege sind z.B. Kontoauszüge, Quittungen für Barzahlungen, Rechnungen, Eigenbelege, Materialentnahmescheine, Lohnscheine, Geschäftsbriefe u.a. Die Belege sind der Anlass dafür, dass sog. Buchungssätze in einem Journalblatt/Grundbuch oder auch Tagebuch aufgestellt werden. Sie bilden die Grundlage für die Buchungen in den sog. Konten.

- Jeder Geschäftsfall verändert die Bilanzpositionen eines Unternehmens. Da diese nicht laufend »ausradiert« werden können, sind die Konten notwendig: Die Finanzen eines Unternehmens werden im laufenden Geschäftsjahr auf Konten erfasst, den sog. T-Konten. Der Name kommt daher, weil die Konten, als sie noch in Büchern geführt wurden, grafisch einem T ähnelten, z. B. das Bankkonto im Unternehmen.

Die T-Konten nehmen die Buchungen (Buchungssätze), die aus den Geschäftsfällen gebildet werden, auf. Jedes Konto hat links eine Soll-Spalte und rechts eine Haben-Spalte (Näheres dazu später).

Soll	Bank	Haben

> Soll hat nichts mit »sollen« zu tun und Haben nichts mit dem Verb »haben«. Die Begriffe sind historisch begründet und haben ihren Ursprung im Lieferanten- und Kundenkonto: Dort hieß es rechts »Wir HABEN zu bezahlen!« und links »Der Kunde SOLL bezahlen«.

Mit jeder Buchung wird »doppelt«, d. h. in einem Konto auf der Sollseite und in einem anderen Konto (Gegenkonto) auf der Habenseite gebucht. Das geschieht mittels des Buchungssatzes.

Soll		Haben
Wareneingangskonto	**an**	Verbindlichkeitskonto (Lieferant)

Das Wort »an« stellt die Trennung zwischen dem Soll- und dem Habenkonto dar.

Ein Beispiel aus der Praxis: Gründung einer OHG

BEISPIEL:

Jürgen Müller und Franz Meier gründen eine OHG. Sie lassen sich als Müller & Meier OHG, Elektrogroßhandel, in das Handelsregister Abteilung A beim zuständigen Amtsgericht eintragen. Der Gesellschafter Müller beteiligt sich mit 50.000 EUR, die er auf das neu eingerichtete Geschäftskonto einzahlt. Außerdem bringt er einen Warenbestand aus seinem früheren Einzelhandel in Höhe von 20.000 EUR in das Unternehmen ein. Der Gesellschafter Meier zahlt auf das Konto 80.000 EUR und bringt sein einjähriges Fahrzeug nach amtlicher Schätzung mit 30.000 EUR in das Geschäftsvermögen ein. Die Geschäfte werden von einem angemieteten Gebäude aus betrieben.

Um die Geschäftsfälle aus dem Beispiel buchen zu können, sind zunächst die T-Konten einzurichten und danach die Buchungssätze aufzustellen. Für die Übernahme der Zahlungen und der Sachwerte aus dem Privatbereich in den Geschäftsbereich sind Gegenkonten erforderlich, da wir ja nach dem Grundsatz »Soll an Haben« buchen. Diese Gegenkonten sind im Beispiel zunächst die Eigenkapitalkonten (EK) der Gesellschafter. Gemeint ist das EK Müller und EK Meier. Später werden Ein- und Auszahlungen vom oder für den Privatbereich zuerst auf das jeweilige Privatkonto gebucht. Das Privatkonto wird am Ende des Geschäftsjahres auf das entsprechende Eigenkapitalkonto umgebucht.

Einrichtung der T-Konten

S	Bank	H

S	EK Müller	H

S	Waren	H

S	EK Meier	H

S	Fuhrpark	H

Nun können die Buchungssätze aus den Geschäftsfällen aufgestellt werden. Sie bilden den Kontenanruf, dazu brauchen wir das Grundbuch. Dort werden sämtliche Geschäftsfälle eines Unternehmens chronologisch aufgeführt. Jeder Geschäftsfall (Buchungssatz) wirkt sich direkt oder indirekt auf die Bilanz in doppelter Weise aus, nämlich dadurch, dass wir immer in zwei Konten buchen. Es wird in einem Konto auf der Sollseite und im anderen Konto im Haben gebucht: Soll an Haben. Die Bezeichnungen »Soll« und »Haben« sprechen also die linke und die rechte Seite eines Kontos an.

Das Grundbuch/Journal

			Soll	Haben
1	Bank	**an** EK Müller	50.000,00	50.000,00
2	Waren	**an** EK Müller	20.000,00	20.000,00
3	Bank	**an** EK Meier	80.000,00	80.000,00
4	Fuhrpark	**an** EK Meier	30.000,00	30.000,00

Statt der Gegenkontenbezeichnungen wird hier aus Platzgründen die Ziffer des Buchungssatzes angegeben.

S	Bank H
1) 50.000,00	
3) 80.000,00	

S	EK Müller H
	1) 50.000,00
	2) 20.000,00

S	Waren H
2) 20.000,00	

S	EK Meier H
	3) 80.000,00
	4) 30.000,00

S	Fuhrpark H
4) 30.000,00	

Für die Aufstellung der Gründungsbilanz müssen ebenfalls Buchungssätze gebildet werden, die hier direkt in die Bilanz gebucht werden (vgl. unten das Schlussbilanzkonto/SBK).

Das Grundbuch für die Abschlussbuchungen

			Soll	Haben
5	Bilanz	**an** Bank	130.000	130.000
6	Bilanz	**an** Waren	20.000	20.000
7	Bilanz	**an** Fuhrpark	30.000	30.000
8	EK Müller	**an** Bilanz	70.000	70.000
9	EK Meier	**an** Bilanz	110.000	110.000

S	Bank H
1) 50.000,00	B) 130.000
3) 80.000,00	
130.000	130.000

S	EK Müller H
B) 70.000	1) 50.000
	2) 20.000
70.000	70.000

S	Waren	H
2) 20.000		B) 20.000

S	EK Meier	H
B) 110.000		3) 80.000
		4) 30.000
110.000		110.000

S	Fuhrpark	H
4) 30.000		B) 30.000

Die Gründungsbilanz

Die Gründungsbilanz wird am Ende des ersten Geschäftsjahres aufgestellt. Wenn kein abweichendes Geschäftsjahr bei den Steuerbehörden beantragt wurde, gilt als Geschäftsjahr das Kalenderjahr. Wenn die Geschäftsgründung nicht am Anfang eines Kalenderjahres geschieht, ist das erste Geschäftsjahr ein »Rumpfgeschäftsjahr«.

Die Gründungsbilanz der Müller & Meier OHG Elektrogroßhandel

Aktiva			Passiva
Anlagevermögen:		Eigenkapital:	
Fuhrpark	30.000,00	Müller	70.000,00
		Meier	110.000,00
Umlaufvermögen:			
Waren	20.000,00		
Bank	130.000,00		
	180.000,00		180.000,00
Ort, Datum		Müller	Meier

Die Bilanz zeigt auf beiden Seiten die gleiche Summe. Wären die Summen ungleich, so wäre die Buchführung nicht ordnungsgemäß durchgeführt worden und es läge ein Buchungsfehler vor. Die Summengleichheit kommt deshalb zustande, weil in den Konten im Soll und im Haben immer die gleichen Beträge stehen müssen. Da die Konten (Bestandskonten) mit der Bilanz abgeschlossen werden, muss damit konsequent auch die gleiche Summe auf beiden Seiten der Bilanz herauskommen; das Verhältnis muss also ausgeglichen sein wie bei einer Waage. Der Begriff »Bilanz« stammt denn auch ab vom italienischen Wort »bilancia«, das Waage bedeutet.

Wie im Beispiel oben ersichtlich, stehen über der Bilanz nicht Soll und Haben, sondern die Bezeichnungen »Aktiva« und »Passiva«: Die rechte Seite der Bilanz zeigt die Mittelherkunft, d.h., woher das Geld geflossen ist. Die linke Seite die Mittelverwendung, d.h. die Investition. Damit weist sie auf der linken Seite, der Aktivseite, das Vermögen, und auf der rechten Seite, der Passivseite, das Reinvermögen (Eigenkapital) und die Schulden (Fremdkapital) aus. Das Vermögen nimmt aktiv am Erfolg der Unternehmung teil. Die Kapitalseite übernimmt passiv die Finanzierung.

Die oben abgebildete Bilanz ist die erste Bilanz dieser OHG. Für das kommende Geschäftsjahr werden die Bilanzkonten (Bestandskonten, weil sie Bestände ausweisen) als Anfangsbestände in den gleichnamigen Konten geführt. Die Anfangsbestände werden mit den Buchungen (Buchungssätze) in die Konten gebucht, d. h. eröffnet. Diese lauten:

Aktivkonten	**an**	Eröffnungsbilanzkonto
Eröffnungsbilanzkonto	**an**	Passivkonten

In diesem kleinen Beispiel der OHG zeigt sich, dass weder ein Gewinn noch ein Verlust erzielt wurde. Dazu sind die Geschäftsfälle notwendig, die Aufwendungen und Erträge beinhalten (siehe hierzu den Abschnitt »Die Kontenarten«).

Exkurs: Das Kontokorrentkonto

Im OHG-Beispiel steht das Bankguthaben auf der linken Seite des Bankkontos und später auch auf der linken Seite, der »Aktivseite« der Bilanz. Einige Leserinnen und Leser werden sich jetzt sicher fragen: Warum steht mein Bankguthaben bei dem Kontoauszug meiner Bank auf der rechten Seite als »Gutschrift«? Die Erklärung: Die Bank verwendet statt Soll und Haben die Begriffe »Belastung« und »Gutschrift«. Die Bareinzahlungen für die Müller und Meier OHG von insgesamt 130.000 EUR der Kunden muss die Bank ebenfalls buchen.

Die Buchung bei der Bank:

Kasse	**an**	Kontokorrentkonto Müller & Meier OHG	130.000,00 EUR

Damit ist das Kontokorrentkonto ein »Verbindlichkeitskonto«, das in der Bilanz der Bank auf der Passivseite steht. Es ist also eine Verpflichtung der Bank, später das Geld auf Wunsch des Kunden auszahlen zu müssen. Da der Kunde von diesem Konto einen Durchschlag bekommt, steht sein Guthaben also auf der Habenseite. »Kontokorrent« kommt von dem italienischen Begriff Conto corrente = in laufender Rechnung, d. h., das Konto darf überzogen werden.

Die Buchungsarten

Im Unternehmensalltag gibt es jeden Tag viele Geschäftsfälle, die Bilanzpositionen verändern. Damit nicht die gesamte Bilanz nach jedem Geschäftsfall neu erstellt werden muss, ist man dazu übergegangen, die Bilanz in Konten aufzulösen und die Veränderungen in Konten einzutragen.

Gehen wir in unserem Beispiel oben davon aus, dass noch vier Geschäftsfälle nach Eröffnung der Gründungsbilanz der OHG im neuen Jahr gebucht werden müssen. Wie veränderten sich die Bilanzpositionen damit?

Die vier Bilanzänderungen

Jede Buchung hat Auswirkungen auf mindestens zwei Konten und verändert damit auch die Bilanz. Im Folgenden beschäftigen wir uns nun mit den Geschäftsfällen, die jeweils durch den Buchungssatz eine Änderung der Bilanz nach sich ziehen. In der Buchführung unterscheidet man vier Bilanzänderungen.

1. Aktivtausch: Die Buchung des Geschäftsfalles verändert nur zwei Bilanzpositionen auf der Aktivseite. Die Bilanzsumme bleibt gleich.
2. Aktiv-Passivmehrung: Der Geschäftsfall wirkt sich auf der Aktivseite und auf der Passivseite aus. Die Bilanzsumme wird damit größer.
3. Passivtausch: Der Geschäftsfall betrifft mit seiner Buchung nur die Passivseite. Die Bilanzsumme bleibt ebenfalls gleich.
4. Aktiv-Passivminderung: Der Geschäftsfall, d.h. die Buchung, vermindert auf beiden Seiten der Bilanz jeweils eine Bilanzposition. Die Bilanzsumme wird auf beiden Seiten kleiner.

Beispiele zu den vier Bilanzänderungen

1. Der Aktivtausch: Herr Müller aus der Müller & Meier OHG richtet eine Kasse für Barzahlungen ein. Dazu hebt er von der Bank 5.000 EUR ab. Das Konto »Kasse« ist ein Aktivkonto, und es müsste noch eingerichtet werden. Der Kassenbestand wäre dann 5.000 EUR und der Bankbestand nimmt um den gleichen Betrag ab. Der Anfangsbestand (kurz AB) des Bankkontos weist einen Bestand von 130.000 EUR aus.

Aktiva	Bilanz der Müller & Meier OHG	Passiva
	Euro (€)	Euro (€)
Umlaufvermögen		
Kasse	+ 5.000	
Bank	− 5.000	
	+/-0	+/-0

Aktivtausch

Der Buchungssatz lautet:

Kasse (Soll)	5.000,00 EUR	**an**	Bank (Haben)	5.000,00 EUR

S	Kasse	H
BK 5.000,00		

S	Bank	H
AB 130.000,00		Ka 5.000,00

2. Die Aktiv-Passivmehrung: Ein Angestellter der Müller & Meier OHG kauft Waren auf Ziel für 12.000 EUR ein, d.h. auf Kredit: es wird erst später gezahlt. Der Warenposten auf der Aktivseite und die Verbindlichkeiten aus Lieferungen und Leistungen, kurz Verbindlichkeiten aus L.u.L. (kurzfristige Schulden), ein Konto, das noch eingerichtet werden müsste, nehmen jeweils zu.

Aktiva	Bilanz der Müller & Meier OHG		Passiva
	Euro (€)		Euro (€)
Umlaufvermögen			
Waren	+ 12.000	Verbindlichkeiten L. u. L.	+ 12.000
	+ 12.000	+ 12.000	

Aktiv-Passivmehrung

Der Buchungssatz lautet:

Waren	12.000,00 EUR	**an**	Verbindlich-keiten	12.000,00 EUR

S	Waren H
AB 20.000,00	
VB 12.000,00	

S	Verbindlichkeiten (VB) H
	Waren: 12.000,00

3. Der Passivtausch: Die kurzfristige Verbindlichkeit L.u.L. (Schuld) bei dem Lieferer von 12.000 EUR wird von diesem in ein langfristiges Darlehen umgewandelt. Die Verbindlichkeit wird weniger, aber dafür wird die Darlehensschuld gegenüber dem Lieferer größer. Die Schuld ist nur zeitlich gestreckt. Das Darlehenskonto ist ein Passivkonto, welches ebenfalls noch eingerichtet werden müsste.

Aktiva	Bilanz der Müller & Meier OHG	Passiva
	Euro (€)	Euro (€)
		Darlehensschulden + 12.000
		Verbindlichkeiten L. u. L. – 12.000
	+ / – 0	+ / – 0

Passivtausch

Der Buchungssatz lautet:

Verbindlich-keiten	12.000,00 EUR	**an**	Darlehen	12.000,00 EUR

S (VB)	Verbindlichkeiten (VB)	H
Darl. 12.000,00		Waren 12.000,00

S	Darlehensschulden	H
		VB 12.000,00

Das Konto »Verbindlichkeiten L.u.L.« ist damit ausgeglichen.

4. Aktiv-Passivminderung: Die Darlehensschuld in Höhe von 12.000 EUR bei dem Lieferanten wird durch eine Banküberweisung beglichen. Die Darlehensschuld auf der Passivseite nimmt ab und das Bankkonto auf der Aktivseite ebenfalls. Auf dem Bankkonto hatten wir einen Anfangsbestand von 130.000 EUR. Abgehoben wurden 5.000 EUR, die wir in die

Kasse gelegt hatten. Der Saldo (Differenz) beträgt noch 125.000 EUR.

Der Buchungssatz lautet:

Darlehensschulden (Soll)	**an**	Bank (Haben)	12.000,00 EUR

Aktiva	Bilanz der Müller & Meier OHG		**Passiva**
	Euro (€)		Euro (€)
Bank	– 12.000	Darlehensschulden	– 12.000
	– 12.000	– 12.000	

Aktiv-Passivminderung

S (VB)	Darlehensschulden H
BK 12.000,00	VB 12.000,00

S	Bank (BK) H
AB 130.000,00	Kasse 5.000,00
	Darlehen 12.000,00

Die Darlehensschulden wurden durch die Banküberweisung beglichen, so dass dieses Konto ausgeglichen ist. Da in unserem Beispiel keine weiteren Buchungen in dem Geschäftsjahr erfolgt sind, ist es erforderlich, dass die Konten »abgeschlossen« werden, d.h., wir müssen jeweils den Saldo, die Differenz ziehen, damit wir die Schlussbilanz aufstellen können. Die summengrößere Seite eines Kontos bildet die Gesamtsumme auf beiden Kontenseiten. Ist zum Beispiel der Wert der Sollseite größer, so wird der kleinere Wert der Habenseite davon abgezogen. Man spricht dann von einem Sollsaldo. Würde die Habenseite summenmäßig größer sein, so liegt ein Habensaldo vor. Siehe auch dazu die Konten weiter unten: Der Saldo ist hier mit dem Gegenkonto »Bilanz« gekennzeichnet! Später werden die Salden erst auf ein »Schlussbilanzkonto« (SBK) gebucht, da als Gegenkonten die Kontennummern stehen und in der Bilanz keine Kontennummer wegen der Übersichtlichkeit aufgeführt werden dürfen. Aus dem SBK wird dann säuberlich in der Bilanz auf der Aktivseite unter Anlagevermögen und Umlaufvermögen gegliedert, auf der Passivseite in Eigenkapital und Fremdkapital.

Aus Vereinfachungsgründen werden wir zunächst die Salden aus den Konten mittels der Abschlussbuchungen direkt in die Bilanz buchen.

Zuerst die Buchungssätze für die Aktivkonten:

▪ Bilanz **an** Fuhrpark	30.000,00 EUR
▪ Bilanz **an** Waren	32.000,00 EUR
▪ Bilanz **an** Bank	113.000,00 EUR
▪ Bilanz **an** Kasse	5.000,00 EUR

Danach die Buchungssätze für die Passivkonten:

- Eigenkapital Müller **an** Bilanz 70.000,00 EUR
- Eigenkapital Meier **an** Bilanz 110.000,00 EUR

Die Aktivkonten

S	Fuhrpark	H
AB 30.000,00		Bilanz 30.000,00

S	Waren	H
AB 20.000,00		Bilanz 32.000,00
VB 12.000,00		
32.000,00		32.000.00

S	Bank	H
AB 130.000,00		Kasse 5.000,00
		Darl. 12.0000,00
		Bilanz 113.000,00
130.000,00		130.000.00

S	Kasse	H
BK 5.000,00		Bilanz 5.000,00

Die Passivkonten

S	EK Müller	H
BK 70.000,00		AB 70.000,00

S	EK Meier	H
Bilanz 110.000,00		AB 110.000,00

S	Darlehensschulden	H
Bank 12.000,00		Verb. 12.000,00

S	Verbindlichkeiten	H
Darl. 12.000,00		Waren 12.000,00

Die Passivkonten »Darlehensschulden« und »Verbindlichkeiten L.u.L.« sind durch die Zahlungen ausgeglichen. Wenn Sie die Salden aus den verbleibenden Konten in die Bilanz übernehmen, dann müsste die Bilanz der OHG so aussehen:

Abschlussbilanz Müller & Meier OHG

Elektrogroßhandel

Aktiva		Passiva	
Anlagevermögen:		Eigenkapital:	
Fuhrpark	30.000,00	Müller	70.000,00
		Meier	110.000,00
Umlaufvermögen:			
Waren	32.000,00		
Bank	113.000,00		
Kasse	5.000,00		
	180.000,00		180.000,00

Damit ist der erste Buchungsgang geschafft. Die Konten (Bestandskonten oder Bilanzkonten) sind gegenüber der Gründungbilanz zum Teil verändert worden, die Bilanzsumme ist jedoch gleich geblieben. Das liegt daran, dass das Eigenkapital sich nicht verändert hat und die OHG keine Schulden hat. Das Eigenkapital ändert sich nur bei Privateinlagen, bzw. -entnahmen und durch einen Gewinn oder Verlust.

Die Eingangsrechnungen (ER)

Bevor die Lieferantenrechnungen in der Finanzbuchhaltung gebucht und später bezahlt werden können, durchlaufen sie verschiedene Abteilungen. So wird der Rechnungseingang in der Poststelle geöffnet, sortiert und mit einem Eingangsstempel versehen. Dieser Eingangsstempel ist ein sogenannter Paginierstempel, ein mechanischer Stempel mit dem Firmenlogo. Er enthält neben dem per Hand einzustellenden Tagesdatum noch ein Zählwerk für die Nummern der Eingangsrechnungen. Die Nummernfolge lässt sich so justieren, dass z. B. Duplikatrechnungen die gleiche Eingangsrechnungsnummer bekommen. Eine fortlaufende Eingangsnummer ist aus verschiedenen internen Gründen erforderlich: Erstens erhalten Unternehmungen von verschiedenen Lieferanten Rechnungen und damit verschiedene Rechnungsnummern des jeweiligen Lieferanten. Zweitens können Originale nach dem Alphabet und Duplikate nach den Eingangsrechnungsnummern fortlaufend abgelegt werden (Belegnummernfolge). Die Eingangsrechnungen werden nach dem Stempeln in Arbeitsmappen der Rechnungs-Prüfungsabteilung gelegt und an diese weiter gegeben. Diese prüft dann die Eingangsrechnungen anhand der Lieferscheine, der Eingangsmeldungen und der Bestellunterlagen sachlich. Eine rechnerische Prüfung schließt sich dem an. Die Rechnungsprüfungen können je nach Größe des Unternehmens und der Betriebsorganisation auch in den Einkaufabteilungen durchgeführt werden.

Der Kontierungszettel

Jeder Buchungssatz muss vor dem Buchen auf dem entsprechenden Beleg schriftlich festgehalten werden. Die Festlegung eines Buchungssatzes auf dem Beleg wird Kontierung genannt. Noch bis in die 1960er Jahre wurde dazu auf jeden Beleg ein Buchungsstempel gesetzt, damit der Buchungssatz für die

Soll- und die Habenbuchung eingetragen werden konnte. Nach der Einführung der elektronischen Datenverarbeitung kam es darauf an, die Angaben übersichtlich darzustellen, so dass sie schnell ablesbar waren und nicht, dass erst mehrere Seiten des Beleges gelesen werden mussten. Es passte nämlich meistens nur ein Buchungssatz in den Stempelabdruck. Je nach Archivierung der Belege werden in Buchhaltungen heute nunmehr häufig sogenannte Kontierungszettel verwendet. Sie werden auf die Vorderseite des Beleges geheftet oder sie werden getrennt in der Abteilung Finanzbuchhaltung abgeheftet bzw. auf Datenträger 10 Jahre aufbewahrt.

Die Reihenfolge des Buchungssatzes dient dazu, Falschbuchungen zu vermeiden. Oft sind nämlich diejenigen, die den Buchungssatz erstellen, nicht diejenigen, die diese Belege buchen. Buchungssätze müssen richtig aufgestellt werden, denn bei falscher Kontenbenennung oder/und falschen Beträgen werden die anschließenden Buchungen falsch, d.h. der Fehler muss anschließend gesucht werden. Und das kann dauern! Für die Korrektur der Falschbuchungen, die sog. Stornobuchungen muss ebenfalls ein Kontierungsbeleg erstellt werden. Damit möglichst keine falschen Kontierungen entstehen, sollte sorgfältig gearbeitet werden.

Die Buchungssätze

Sie werden sicher schon gemerkt haben, wie wichtig die Aufstellung von Buchungssätzen ist. Eine falsche Kontenangabe oder falsche Beträge können zu ernsthaften Problemen in der Buchhaltung führen. Anfänger haben mit der Aufstellung des richtigen Buchungssatzes oft Schwierigkeiten. Dieser Abschnitt beschäftigt sich daher eingehend mit den Buchungssätzen.

Der Beleg als Grundlage des Buchungssatzes

Die Kontierung bzw. das Aufstellen des Buchungssatzes in der Finanzbuchhaltung wird durch die Belege schon vorgegeben. Handelt es sich um eine Eingangsrechnung (ER) vom Lieferanten oder ist es die Kopie einer Ausgangsrechnung (AR)? Oder liegen Zahlungsbelege wie Kontoauszüge der Banken und Sparkassen oder Quittungen für Barzahlungen vor? Belege, die von außen kommen, werden externe Belege genannt; diejenigen, die wir selber ausstellen, z. B. Stornobelege, Lohn- und Gehaltsbelege, Materialbelege werden interne Belege genannt.

Grundlage der Eingangsrechnungen sind Einkäufe oder Dienstleistungen von Handwerkern. Da diese nicht sofort bezahlt werden, sind sie kurzfristige Verbindlichkeiten. Erst bei der Bezahlung der Rechnung wird die Verbindlichkeit durch einen Bank- oder Kassenbeleg ausgebucht.

Die Bilanzänderungen

Welcher Buchungssatz der richtige ist, ist anhand der vorher beschriebenen vier Bilanzänderungen zu beurteilen. Gibt es eine Zunahme auf der Aktivseite, z. B. dem Warenkonto, so muss in diesem Konto auf der Sollseite gebucht werden. Würde die Ware sofort bezahlt, so wäre das Bank- oder Kassenkonto bei einer Zahlung auf der Habenseite anzusprechen. Bei einer späteren Zahlung wird im Verbindlichkeitskonto bzw. Lieferantenkonto auf der Habenseite gebucht. Der Ausgleich wird mit der Zahlung »Verbindlichkeiten an Bank oder Kasse« gebucht.

Woher weiß man aber, was auf die Sollseite und was auf die Habenseite gebucht wird? Die folgende Abbildung sagt hier mehr als tausend Worte:

Bilanz			
Aktiva		Passiva	
S Bank H		S Verbindlichkeiten H	
+	-	-	+
Zunahme	Abnahme	Abnahme	Zunahme

Bei den Aktivkonten (Anlage- und Umlaufkonten) ist die Zunahme immer im Soll und die Abnahme im Haben zu buchen. Bei den Passivkonten (Eigen- und Fremdkapital) ist es umgekehrt.

Es gilt der Grundsatz: Immer erst im Soll und dann im Haben buchen! Die Salden der Bestandkonten werden über das Schlussbilanzkonto (SBK) gebucht. Zwei Beispiele verdeutlichen diese Prinzipien:

- Wir haben Ware auf Ziel gekauft. Um den Buchungssatz aufzustellen, müssen wir wissen, dass Waren zum Umlaufvermögen und damit auf die Aktivseite der Bilanz und Schulden auf deren Passivseite gehören. Es handelt sich dabei um eine Aktiv-Passiv-Mehrung. Somit heißt der Schulbuchungssatz:

Warenkonto	**an**	Verbindlichkeiten L.u.L.

- Die Lieferantenrechnung soll durch eine Banküberweisung beglichen werden. Der Buchungssatz lautet:

Verbindlichkeiten L.u.L	**an**	Bank

Damit nehmen sowohl das Verbindlichkeitskonto als auch das Bankkonto ab. Es liegt eine »Aktiv-Passiv-Minderung« vor.

Der einfache Buchungssatz

Von einem einfachen Buchungssatz spricht man, wenn von dem Geschäftsfall nur zwei Konten betroffen sind, nämlich durch eine Soll- und durch eine Habenbuchung.

Bei der Aufstellung des Buchungssatzes wird zuerst das Konto für die Sollbuchung genannt und hinter dem »an« das Konto für die Habenbuchung. Im Journal werden außerdem das Buchungsdatum, die Nummer des jeweiligen Beleges und eine Kurzbezeichnung für den Inhalt des Beleges eingetragen.

BEISPIEL:

Der Unternehmer Egon Schulze lässt über die Abteilung »Einkauf« für seinen Privathaushalt eine Waschmaschine auf Ziel für 900 EUR (hier noch ohne Mehrwertsteuer) kaufen.

Der einfache Buchungssatz lautet:

Konto	Soll	Haben
Privatkonto	900,00 EUR	
an Verbindlichkeiten L.u.L.		900,00 EUR

Die Splittingbuchung

Bei einem zusammengesetzten Buchungssatz bzw. der Splittingbuchung werden in einem Buchungssatz mehr als zwei Konten angesprochen.

BEISPIEL:

Ein Mitarbeiter eines Unternehmens bezahlt täglich 50 Lieferantenrechnungen von dem Unternehmenskonto bei der XY-Bank. Um nicht 50 Mal das Bankkonto ansprechen zu müssen, lassen sich die 50 Habenbuchungen zu einer Buchung zusammenfassen. In der folgenden Tabelle werden der Einfachheit halber nur zwei Geschäftsfälle dargestellt.

Die zusammengesetzte Buchung oder Splittingbuchung lautet:

Konto	Soll	Haben
Lieferant Meier	5.000,00 EUR	
Lieferant Müller	2.000,00 EUR	
an Bank		7.000,00 EUR

Man könnte sich den Buchungssatz hierzu »einfach« machen, so wie er auch als Schulmodell dargestellt wird, denn alle Lieferanten sind in dem Bilanzkonto »Verbindlichkeiten« zusammengefasst. Dieser würde dann folgendermaßen lauten:

Verbindlichkeiten L.u.L.	**an**	Bank

In der echten Unternehmensbuchhaltung funktioniert das so nicht. In großen Unternehmen kann es auch einmal mehr als 100 Lieferanten geben. Würden all diese in einem Konto zusammengefasst, ist das für die Bilanz zwar übersichtlich, aber in der Finanzbuchhaltung bzw. der Kreditorenbuchhaltung leider nicht. Für jeden Lieferanten und auch für jeden Kunden aus dem Forderungskonto wird daher in der Praxis üblicherweise ein Konto eingerichtet. Der Vorteil des zusammengesetzten Buchungssatzes besteht nun darin, dass bei der Aufstellung des Buchungssatzes im Grundbuch zwar 50 Sollkonten gebildet werden, jedoch nur eine Habenbuchung mit dem Bankkonto erforderlich ist. Damit werden 49 Habenbuchungen gespart. In der EDV-Buchführung, z. B. von Lexware, wird der zusammengesetzte Buchungssatz »Splittingbuchung« genannt. Auch für wenige Buchungen eignet sich der zusammengesetzte Buchungssatz, wenn dasselbe Konto mindestens zweimal angesprochen wird.

> Zusammengesetzte Buchungssätze erleichtern die Arbeit und sparen Zeit!

Die Kontenarten

In der Buchhaltung wird zwischen unterschiedlichen Kontenarten unterschieden.

Die Bestandskonten

Von Bestandskonten spricht man, weil sie aus den Vermögens- und Kapitalbeständen eines Unternehmens abgeleitet sind. Aus den Aktiv-Posten der Bilanz werden aktive Bestandskonten, aus den Passiv-Posten werden die passiven Bestandskonten.

- Aktive Bestandskonten halten das Vermögen fest. Alle finanziellen Mittel, die einem Unternehmen zur Verfügung stehen, sind in einer bestimmten Form vorhanden, z. B. als Grundstücke, Maschinen, Vorräte und Bargeld, aber auch als Forderungen oder immaterielle Vermögensgegenstände wie Lizenzen. Auf den Aktivkonten wird also die Kapitalverwendung aufgezeichnet. Die Zugänge werden im Soll, die Abgänge im Haben gebucht.
- Passive Bestandskonten erfassen die Verbindlichkeiten oder »Schulden«. Das Vermögen eines Unternehmens wird aus Mitteln der Eigentümer und Gläubiger gebildet, zum Beispiel der Gesellschafter, Aktionäre, Banken oder Lieferanten. Die Passivkonten zeichnen also die Herkunft des Eigen- und des Fremdkapitals auf. Die Zugänge werden im Haben, die Abgänge im Soll gebucht.

Das Privatkonto

Das Privatkonto ist ein Unterkonto des Eigenkapitalkontos. Privateinlagen und -entnahmen von Einzelunternehmern und persönlich haftenden Gesellschaftern werden auf diesem Konto buchmäßig erfasst. Die Unternehmer setzen einen Teil ihres Privatvermögens in Form von Geld oder/und Sachwerten in ihrem Unternehmen als Eigenkapital ein. Der erzielte Gewinn ist ihr Einkommen, welches nach Abzug der Einkommensteuer zu ihrem Lebensunterhalt beiträgt. In der Übertragung von Geld und Sachwerten, so z. B. Grundstücken, Gebäuden, Privat-PKW, liegt eine Privateinlage, die das Eigenkapital des Unternehmens erhöht. Bei der Übertragung von Geld lautet der Buchungssatz bei Einzelkaufleuten:

Bank	**an**	Privatkonto

Bei der Übertragung von Sachwerten, z. B. eines Pkw, der vom Sachverständigen auf 20.000 EUR geschätzt wurde, wird folgendermaßen gebucht:

Fuhrpark	**an**	Privatkonto	20.000,00 EUR

Werden Geld und Sachwerte aus dem Unternehmen für private Zwecke entnommen, dann liegt eine Privatentnahme vor, die das Eigenkapital des Unternehmens mindert.

Beispiel: Es werden 500 EUR aus der Kasse für private Zwecke entnommen. Gebucht wird dann so:

Privatkonto	**an**	Kasse	500,00 EUR

Das Privatkonto wird am Bilanzstichtag mit dem Eigenkapitalkonto abgeschlossen. Bei Personengesellschaften haben die Vollhafter jeweils ein Privat- und ein Eigenkapitalkonto.

Erfolgskonten: Aufwands- und Ertragskonten

Die Aufwands- und Ertragskonten werden als Erfolgskonten bezeichnet, weil sie den Erfolg eines Unternehmens aufzeigen.

> Der Erfolg ist in der Buchhaltung ein neutraler Begriff, damit können Gewinn und Verlust gemeint sein. Es gibt also einen positiven wie auch einen negativen Erfolg.

Viele Konten führen bereits die Bezeichnung »Aufwand«, wie z.B. Zinsaufwendungen, Provisionsaufwendungen, Mietaufwendungen, bzw. die Bezeichnung »Ertrag«, wie z.B. Zinserträge, Provisionserträge, Mieterträge.

- Die summenmäßig größten Aufwendungen in einem Unternehmen sind in der Regel die Aufwendungen für die Herstellung von Produkten, die Materialkosten und die Personalaufwendungen (Löhne, Gehälter, Sozialaufwendungen). Handelsunternehmen haben neben den Personalaufwendungen den Wareneinsatz für den Verkauf von

Waren als größten Aufwandsposten. Auch Wertminderungen des Anlagevermögens (Abschreibungen) gehören zu den Aufwendungen. Des Weiteren gibt es Energie- und Reparaturaufwendungen und die Aufwendungen für das Büromaterial.

- Die summenmäßig größten Erträge sind die Verkaufserlöse der verkauften eigenen Erzeugnisse und die der (Handels-) Waren.

Aufwands- und Ertragsbuchungen

BEISPIEL:

Ein Industriebetrieb hat in einem Geschäftsjahr für 120.000 EUR Rohstoffe zur Produktion just in time eingekauft und verbraucht. Die hergestellten Erzeugnisse hat er zu 180.000 EUR auf Ziel verkauft. An Personalkosten fielen 30.000 EUR und an Miete fielen 10.000 EUR an. Daneben hatte er Zinserträge in Höhe von 500 EUR. Das Eigenkapital hat einen Anfangsbestand (AB) von 150.000 EUR. Wie lauten die Buchungen? Wie hoch ist der Gewinn?

Die Buchungen		
Aufwendungen Rohstoffe an Verbindlichkeiten L.u.L	=	120.000,00 EUR
Forderungen L.u.L. an Verkaufskonto	=	180.000,00 EUR
Löhne/Gehälter an Bank	=	30.000,00 EUR
Mietaufwendungen an Bank	=	10.000,00 EUR
Bank an Zinserträge	=	500,00 EUR

> Ein Aufwand wird immer im Soll, Erträge werden immer im Haben gebucht. Beim Abschluss dieser Konten über das G+V-Konto (siehe unten) stehen die Aufwandskonten den Ertragskonten wieder gegenüber. Mit dem Abschluss der Konten sind also wieder Buchungen, d.h. Abschlussbuchungen erforderlich.

Das G+V-Konto

Am Ende des Geschäftsjahres werden die Erfolgskonten über das »Gewinn- und Verlustkonto (G+V)« abgeschlossen. Die Abschlussbuchungssätze sind:

- Gewinn- und Verlustkonto an Aufwandskonten
- Ertragskonten an Gewinn- und Verlustkonto

Sind die Erträge wertmäßig höher als die Aufwendungen, so ergibt der Saldo (Differenz) einen Gewinn. Ist es umgekehrt, ergibt sich ein Verlust. Der Saldo des G+V-Kontos (Gewinn oder Verlust) wird bei Einzelunternehmen über das Eigenkapitalkonto (EK) abgeschlossen. Bei Personengesellschaften wie der OHG und der KG müssen die Gewinne oder Verluste aufgeteilt werden.

Für das Beispiel oben ergeben sich die folgenden Abschlussbuchungen:

Erfolgskonten			
S Aufwendungen	H	S Erträge	H
+ Zunahme	Abschluss G+V	Abschluss G+V	+ Zunahme

Die Abschlussbuchungen

G+V **an** Aufwendungen für Rohstoffe	120.000,00 EUR
Verkaufskonto **an** G+V	180.000,00 EUR
G+V **an** Personalkosten	30.000,00 EUR
G+V **an** Mietaufwendungen	10.000,00 EUR
Zinserträge **an** G+V	500,00 EUR

Der Gewinn im G+V-Konto nach den Buchungen:

Soll	Gewinn und Verlust (G+V)		Haben
Wareneinsatz	120.000,00	Umsatzerlöse	180.000,00
Lohn/Gehalt	30.000,00	Zinserträge	500,00
Mietaufwand	10.000,00		
Gewinn/EK	20.500,00		
	180.500,00		180.500,00

Soll	Eigenkapital (EK)		Haben
SBK/Bilanz	170.500,00	AB	150.000,00
		Gewinn/G+V	20.500,00
	170.500,00		170.500,00

Soll	Schlussbilanzkonto (SBK)		Haben
		AB	170.500,00

Das Schlussbilanzkonto (SBK) ist hier nicht abgeschlossen, da dies nur ein Auszug, also ein Beispiel für die Buchungen der Aufwands- und Ertragskonten ist. Aus dem Schlussbilanzkonto (SBK), über das alle Bestandskonten »abgeschlossen«, d. h. gebucht werden, wird später die Abschlussbilanz fein säuberlich gegliedert und mit Ort und Datum vom Inhaber oder den Inhabern unterschrieben. Für die Bilanz fehlen hier also noch die weiteren Bestandskonten.

Auswertung des G+V-Kontos

Jede Unternehmensleitung möchte wissen, wie rentabel ihr Unternehmen arbeitet. So werden die absoluten Zahlen nur für den internen Monats-, Quartals- oder Jahresvergleich der Betriebsstatistik in Form von Tabellen oder Diagrammen zur Verfügung gestellt. Für den internen und externen Vergleich mit anderen Unternehmen nutzt man die errechneten Prozentzahlen aus der G+V, auch in Verbindung mit dem eingesetzten Kapital aus der Bilanz.

Zur Einführung ein paar Auswertungen:

Umsatzerlöse – Wareneinsatz = Rohgewinn 180.000,00 EUR – 120.000,00 EUR = 60.000,00 EUR Rohgewinn
Erträge – Aufwendungen = Reingewinn 180.500,00 EUR – 160.000,00 EUR = 20.500,00 EUR Reingewinn
Gewinn × 100 / Eigenkapital 01.01. = EK-Rentabilität 20.500,00 × 100 / 150.000,00 = 13,67 % EK-Rentabilität
Gewinn × 100 / Umsatz = Umsatzrentabilität 20.500,00 × 100 / 180.000,00 EUR = 11,39 % Umsatzrentabilität

- Der **Rohgewinn** zeigt den Aufschlag, der zum Einstandspreis der verkauften Ware gerechnet wurde.
- Der **Reingewinn** ergibt sich aus dem G+V-Konto.

- Die Eigenkapitalrentabilität gibt an, zu wie viel Prozent sich das eingesetzte Eigenkapital verzinst hat.
- Die Umsatzrentabilität zeigt, wie viel Prozent vom Umsatz der Gewinn beträgt. So kann die Unternehmensleitung z. B. der Verkaufsabteilung für das nächste Jahr den Planumsatz vorgeben bzw. die Höhe des Gewinns.

Der Kontenrahmen

Manager brauchen aussagekräftige Zahlen zu allen wirtschaftlichen Vorgängen im Unternehmen, um handeln und planen zu können. Sie müssen Vergleiche zu den Zahlen früherer Geschäftsjahre und zu den Zahlen branchengleicher Betriebe ziehen können. Diese Vergleiche sind nur möglich, wenn die Konten eines Unternehmens in den Geschäftsjahren gleich bleiben und auch die Konten der Konkurrenten gleich benannt sind. Daher gibt es Kontenrahmen: Sie sind Ordnungsschemata, die branchenabhängig einheitliche Konten vorgeben. So wurden unter der Federführung von Prof. Eugen Schmalenbach (1873–1955) im Jahre 1937 die Kontenrahmen für die Industrie, den Groß- und Einzelhandel sowie für das Handwerk herausgegeben. Sie bestanden schon damals aus 10 Kontenklassen von 0 bis 9. Der jetzige Industriekontenrahmen (IKR) wurde vom Bundesverband der Deutschen Industrie (BDI) 1971 herausgegeben. Es dauerte einige Jahre, bis sich die Industrieunternehmen von dem alten Gemeinschaftskontenrahmen (GKR) verabschiedeten.

Außer den branchenabhängigen Kontenrahmen gibt es noch die Kontenrahmen der DATEV. Die DATEV ist eine Datenverarbeitungsorganisation der steuerberatenden Berufe in Deutschland, die mehr auf Unternehmensformen ausgerichtet ist. Die wichtigsten Kontenrahmen dort sind:

- SKR 01: für kleine Personengesellschaften
- SKR 02: für kleine Kapitalgesellschaften
- SKR 03: wie 01, aber stärker untergliedert
- SKR 04: wie 02, aber stärker untergliedert

Sie finden diesen Kontenrahmen auch in der Buchhaltungssoftware von Lexware »Financial Office«.

> Die erste Ziffer einer Kontennummer stellt die Kontenklasse dar. Die Kontenklassen 0–4 gehen in die Bilanz ein. Die Kontenklassen 5–7 werden über das G+V-Konto abgeschlossen. Die Kontenklasse 8 beinhaltet die Ergebniskonten und die Kontenklasse 9 ist frei für die Kosten- und Leistungsrechnung.

Kontenklassen				
Aktiva			**Passiva**	
Anlagevermögen		**Umlaufvermögen**	**Eigenkapital**	**Verbindlichkeiten**
0 Sachanlagen	**1 Finanzanlagen**	**2 Umlaufvermögen**	**3 Eigenkapital und Rückstellungen**	**4 Verbindlichkeiten**
0500 Unbebaute Grundstücke	1300 Beteiligung	2000 Rohstoffe 2001 Bezugskosten 2002 Nachlässe	3000 Eigenkapital 3001 Privatkonto	4210 kurzfristige Verb.
0510 Bebaute Grundst.	1500 Wertpapiere	2010 Vorprodukte	3100 Kapitalrücklage	4230 mittelfr.Verb.
0520 Gebäude insgesamt		2020 Hilfsstoffe	3210 Gesetzl. Rückl.	4250 langfr. Verb.
0530 Betriebsgebäude		2030 Betriebsstoffe	3240 Andere Rückl.	4400 Lieferantenverb.
0540 Verwaltungsgeb.		2100 unf. Erzeugn.		4500 Schuldwechsel
0700 Maschinen		2200 fert. Erzeugn.	**Zusätzliche Konten der Klasse 2**	4800 Umsatzsteuer
0840 Fuhrpark		2400 Forderungen	2800 Bank	4830 Verbindl.Finanzamt
0850 Betriebsausstattung		2500 Zweifelh. Ford.	2850 Postbank	4840 Verbindl. Sozialv.
0860 Geschäftsausst.		2600 Vorsteuer	2860 Schecks	4890 Sonstige Verbindl.
0890 Geringw.		2650 Ford. gegen MA	2880 Kasse	4900 Passive JAG
Wirtschaftsgüter		2690 Sonstige Ford.	2900 Aktive JAG	
		2700 Wertpapiere		
Erträge	**Aufwendungen**		**Ergebnis**	**Kosten- und Leistungsrechnung**
5 Erträge	**6 Aufwendungen**	**7 Weitere Aufwendungen**	**8 Ergebniskonten**	**9 Kosten- und Leistungsrechnung (KLR)**
5000 Umsatzerlöse 5001 Erlösberichtigung	6000 Aufw. für Rohstoffe	7000 Gewerbesteuer	8000 Eröffnungs-Bilanzkonto (EBK)	Frei für das **Umsatzkostenverfahren** (buchhalterische KLR) Die meisten Betriebe Führen die KLR **statistisch** nach dem **Gesamtkostenverfahren** durch!
5100 Umsatzerlöse für Waren 5101 Erlösberichtigung	6020 Aufw. für Hilfsstoffe	7020 Grundsteuer	8010 Schlussbilanz-Konto (SBK)	
5200 Bestandsveränd.	6030 Aufw. für Betriebsstoffe	7030 Kfz-Steuer	8020 GuV-Konto	
5300 Aktivierte Eigenl.	6050 Energie	7510 Zinsaufwendung	81 Konten der Kostenbereiche im Umsatzkostenverfahren	
5400 Mieterträge	6060 Aufw. f. Waren	7530 Diskontaufw.		
5421 Entn. v. Gegenständen und Leistungen	6160 Fremdinstandsetzung	7710 Körperschaftssteuer		
5440 Erlöse a. Anlagen-Verkäufen	6200 Löhne			
5710 Zinserträge	6300 Gehälter	**Zusätzliche Konten der Klasse 6**		
5730 Diskonterträge	6400 Arbeitgeberanteil SV	6750 Kosten des Geldverkehrs		
	6420 Beiträge Berufsgenossensch.	6770 Rechts- und Beratungskosten		
	6520 AfA auf Sachanlagen	6800 Büromaterial		
	6540 AfA auf Geringwertige Wirtschaftsgüter	6900 Versicherung		
	6700 Mieten, Pachten	6950 AfA auf Forderungen		

Auszug aus dem Industriekontenrahmen (Schulkontenrahmen) Deitermann/Rückwart, Rechnungswesen für Bürokaufleute

Der Kontenplan

Ein Kontenrahmen ist sehr umfassend, so dass ein Unternehmen kaum alle Konten benötigt, die dort gelistet sind. Aus dem Kontenrahmen entwickelt daher jedes Unternehmen seinen individuellen Bedürfnissen entsprechend (Größe, Filialbetriebe, Rechtsform) einen eigenen betrieblichen Kontenplan. Dabei werden die Kontenklassen und die Nummerierung der Konten aus dem Kontenrahmen übernommen. So könnten nach dem dekadischen (Zehner-)Prinzip aus den Kontenarten des Kontenrahmens noch weitere Kontenunterarten im Kontenplan gebildet werden.

BEISPIEL:

Hat ein Unternehmen mehrere Bankkonten, so kann die Kontenart 2800 Bank mit weiteren Kontenunterarten unterteilt werden: 28001 Deutsche Bank, 28002 Volksbank, 28003 Sparkasse. Damit lassen sich die Zahlungsströme der einzelnen Institute auseinander halten. Kontenunterarten bieten sich auch bei Warengruppen an, die wegen ihrer verschiedenen Preise und Lagerungen auseinander gehalten werden müssen:

Kontenart: 6080 Wareneingang (Aufwendungen Waren)
Kontenunterart: 60801 Warengruppe I
60802 Warengruppe II usw.

Kontierungen mit Kontennummern

Vor dem Buchen müssen Belege mit einem Buchungssatz versehen werden. Dieser Vorgang wird Kontierung genannt. Die nachfolgenden Belegkontierungen werden mit der Kontennummer und der Kontenbezeichnung vorgenommen.

Geschäftsfall: Bareinzahlung in Höhe von 300 EUR bei der Bank.

Konto	Soll	Haben
2800 Bank	300,00	
an 2880 Kasse		300,00

Vereinfachung des Buchungssatzes:

Konto	Soll	Haben
2800	300,00	
an 2880		300,00

Es wird jeweils nur die Kontennummer, nicht die Kontenbezeichnung im Buchungssatz erfasst. In der betrieblichen Praxis wird die Kontierung dadurch vereinfacht.

In den Buchführungsprogrammen lassen sich Zahlen bzw. Ziffern über den Ziffernblock der Tastatur schneller eintippen als Buchstaben. Der betriebliche Kontenplan wurde mit der Einrichtung des Buchführungsprogramms »eingespeichert«, daher erscheint mit Eingabe der Kontennummer automatisch die Kontenbezeichnung.

Kontierung mit Kostenstellennummer

Für die Abteilung »Kosten- und Leistungsrechnung« ist es bei der Kontierung von Kostenrechnungen wichtig, neben der Kontennummer auch die sog. Kostenstellenummer, den auftraggebenden Arbeitsplatz, mitanzugeben, damit eine gerechte Kostenverteilung stattfinden kann.

BEISPIEL: ANWENDUNG MIT DEM SCHULKONTENRAHMEN

Eine Reparaturrechnung soll kontiert werden. Die Reparatur an einer Maschine in der Kostenstelle »310 Werkstatt« beträgt laut Rechnung netto 3.600 EUR. Das Buchhaltungskonto hat die Kontennummer 6160 Fremdinstandsetzung. Da die Rechnung nicht sofort bezahlt wird, muss die Schuld auf 4400 Verbindlichkeiten gebucht werden. Der Buchungssatz würde dann lauten (noch ohne Mehrwertsteuer):

6160/310 an 4400 Verbindlichkeiten 3.600,00 EUR.

Umsatz-, Vor- und Mehrwertsteuer

Umsatz- und Mehrwertsteuer werden oft in einen Topf geworfen. Betriebswirtschaftlich und steuerrechtlich gibt es jedoch Unterschiede zwischen den Begriffen. Wenn Waren und Dienstleistungen verkauft werden, fällt Umsatzsteuer an, die meist 19 % vom Umsatz beträgt und gemeinsam mit dem Nettopreis der Ware oder Dienstleistung den Bruttopreis ergibt. Die Umsatzsteuer ist ein durchlaufender Posten für den Unternehmer. Er muss sie an das Finanzamt abführen und darf sie nicht behalten.

Die Umsatzsteuer wird seit 1967 nach dem Mehrwertprinzip erhoben, daher spricht man auch von Mehrwertsteuer. Während davor nur die Unternehmenseinnahmen der Umsatzsteuer unterlagen, findet heutzutage eine Verrechnung der Umsatzsteuer für Einnahmen und Ausgaben statt. Kauft ein Unternehmen Ware oder Dienstleistungen kann es die ihm hierfür berechnete Umsatzsteuer als Vorsteuer beim Finanzamt geltend machen. Dieses erstattet die Vorsteuer zurück.

Buchungstechnisch muss für die in den Eingangsrechnungen ausgewiesene Mehrwertsteuer ein »Vorsteuerkonto« und für die in den Ausgangsrechnungen an den Kunden ausgewiesene Mehrwertsteuer ein »Umsatzsteuerkonto« eingerichtet werden. Damit ändern sich die Buchungssätze für den Ein- und Verkauf.

Die Buchung der Mehrwertsteuer

BEISPIEL:

Ein Produzent kauft bei seinem Lieferer einen Rohstoff in Höhe von 100 EUR + 19 % Mehrwertsteuer für 119 EUR brutto ein. Nach der Verarbeitung des Rohstoffes zu einem Produkt verkauft er dieses zu 180 EUR netto + 19 % Mehrwertsteuer (= 34,20 EUR) zu insgesamt 214,20 EUR brutto an seinen Kunden.

Der Produzent bucht die in der Lieferantenrechnung enthaltene Mehrwertsteuer von 19 EUR auf das Konto mit dem Namen »Vorsteuer«. Die in der Kundenrechnung ausgewiesene Mehrwertsteuer von 34,20 EUR wird auf ein Konto mit dem Namen »Umsatzsteuer« gebucht. Durch die Verrechnung der beiden Konten ergibt sich eine Differenz von 15,20 EUR. Diese Differenz wird »Zahllast« genannt, die der Produzent dem Finanzamt schuldet.

Eingangsrechnung (ER)			Ausgangsrechnung (AR)	
Rohstoff	100,00		Erzeugnis (Produkt)	180,00
+ 19 % MwSt.	19,00	**Differenz:** 15,20 EUR	+ 19 % MwSt.	34,20
Brutto	119,00		Brutto	214,20

Das Beispiel zeigt: Der Unternehmer zahlt nur die Umsatzsteuer für den von ihm geschaffenen Mehrwert an Gegenständen und Leistungen (sog. Mehrwertprinzip). Gelegentlich kann es auch zu einem Vorsteuerüberhang kommen, wenn in einem Monat mehr oder zu höheren Werten Gegenstände eingekauft wurden, so z. B. bei Investitionsgütern wie Maschinen. Der Vorsteuerüberhang wird dann mit der nächsten Umsatzsteuerzahlung an das Finanzamt verrechnet oder bei höheren Beträgen ausgezahlt.

Die Buchung der Eingangsrechnung (ER)

Konto	Soll	Haben
Rohstoffe	100,00 EUR	
Vorsteuer	19,00 EUR	
an Verbindlichkeiten L.u.L.		119,00 EUR

Die Buchung der Ausgangsrechnung (AR)

Konto	Soll	Haben
Forderungen L.u.L.	214,20 EUR	
an Umsatzerlöse		180,00 EUR
an Umsatzsteuer		34,20 EUR

Die Ermittlung der Zahllast

Konto	Soll	Haben
Umsatzsteuer	19,00 EUR	
an Vorsteuer		19,00 EUR

Das Konto »Vorsteuer« wird bei einem Umsatzsteuerüberhang auf das Konto »Umsatzsteuer« umgebucht. Der Saldo im Konto »Umsatzsteuer« ist die Zahllast für das Finanzamt:

Soll	Vorsteuer		Haben
Ford.	19,00	USt.	19,00

Soll	Umsatzsteuer		Haben
Vorst.	19,00	Ford.	34,20
Bank	15,20		
	34,20		34,20

Die Umsatzsteuerzahllast in Höhe von 15,20 EUR wird im nächsten Monat an das Finanzamt überwiesen. Am Ende des Geschäftsjahres, z. B. am 31. Dezember wird die Umsatzsteuerzahllast als »kurzfristige Verbindlichkeit« auf die Passivseite der Bilanz übernommen (passiviert) und im Januar auf das Konto »Umsatzsteuer« eröffnet, damit die Überweisung dann im Januar stattfinden kann. Der Abschlussbuchungssatz heißt dann:

Umsatzsteuer	**an**	Schlussbilanzkonto (SBK)	15,20 EUR

Bei einem »Vorsteuerüberhang« muss der Saldo der »Umsatzsteuer« auf das Konto »Vorsteuer« gebucht werden, damit der

Abschlussbuchungssatz z. B. am Jahresende als »Forderung gegenüber dem Finanzamt« auf die Aktivseite der Bilanz (aktiviert) gebucht werden kann. So lautet der Buchungssatz für den Abschluss:

Schlussbilanzkonto (SBK)	**an**	Vorsteuer

Typische Buchungen in der Materialwirtschaft

Die folgenden Buchungssätze kommen in Industriebetrieben immer wieder vor.

Geschäftsfall: Lagereinkauf auf Ziel

Ein Industrieunternehmen kauft Rohstoffe auf Lager über 20.000 EUR + 19 % Mehrwertsteuer von 3.800 EUR = 23.800 EUR (Rechnungsbetrag) ab Werk, die er später bezahlt. Es ist also ein Zieleinkauf. Wie ist zu buchen?

Der Schul-Buchungssatz lautet:

Konto	Soll	Haben
2000 Rohstoffe	20.000,00	
2600 Vorsteuer	3.800,00	
an Verbindlichkeiten		23.800,00

Geschäftsfall: Zieleinkauf von Rohstoffen

Ein Unternehmer kauft Rohstoffe auf Ziel just in time, d. h. direkt für die Fertigung in Höhe von netto 15.000 EUR plus 19 % Mehrwertsteuer von 2.850 EUR = 17.850 EUR (Rechnungsbetrag) ab Werk. Wie ist zu buchen?

Der Schul-Buchungssatz lautet:

Konto	Soll	Haben
6000 Aufwendungen Rohstoffe	15.000,00	
2600 Vorsteuer	2.850,00	
an 4400 Verbindlichkeiten		17.850,00

Geschäftsfall: Anlieferung durch den Spediteur

Der Spediteur liefert die Rohstoffe aus dem Beispiel von oben an das Rohstofflager. Dafür berechnet er 800 EUR + 152 EUR Mehrwertsteuer. Wie ist zu buchen?

Hier geht es um Bezugskosten. Eingangsfracht, Rollgeld, Zölle, Versicherung und Verpackung sind aktivierungs-pflichtige Anschaffungsnebenkosten beim Einkauf von Roh-, Hilfs-, Betriebsstoffen, bezogenen Fremdbauteilen, Handelswaren (§ 255 Abs. 1 HGB). Für die entsprechenden Hauptkonten werden zunächst Unterkonten geführt, um einen Überblick über die Höhe der Anschaffungsnebenkosten zu erhalten. Bei Monats- und

Jahresabschlüssen werden die Unterkonten auf das jeweilige Hauptkonto umgebucht.

Der Buchungssatz (Rechnung Spediteur) lautet:

Konto	Soll	Haben
2001 Bezugskosten Rohstoffe	800,00	
2600 Vorsteuer	152,00	
an 4400 Verbindlichkeiten		952,00

Bei Anlagenkäufen gibt es kein Unterkonto. Die Anschaffungsnebenkosten wie z. B. Fracht, Aufstellungskosten, werden direkt auf das Anlagenkonto gebucht.

Geschäftsfall: Vom Lager in die Fertigung

Von den auf Lager gekauften Rohstoffen werden mittels Materialentnahmeschein für die Fertigung Rohstoffe in Höhe von 12.000 EUR vom Magazin abgefordert. Wie ist zu buchen?

Der Buchungssatz lautet:

Konto	Soll	Haben
6000 Aufwendungen Rohstoffe	12.000,00	
an 2000 Rohstoffe		12.000,00

Rückbuchungen: Storno

Bei Rücksendungen, also einem Storno, wird der Buchungssatz des Einkaufs einfach umgedreht. Was vorher im Soll stand, wird nun im Haben erscheinen. Die ehemalige Habenbuchung steht damit im Soll. Dieses Verfahren gilt für alle Rücksendungen.

BEISPIEL:

Ein Teil der gelieferten Rohstoffe in Höhe von 2.000 EUR netto plus 380 EUR Mehrwertsteuer ist mangelhaft. Nach Absprache mit dem Lieferanten sollen diese Rohstoffe zurückgeschickt werden. Wie lautet der Buchungssatz?

Der Buchungssatz lautet:

Konto	Soll	Haben
4400 Verbindlichkeiten L.u.L.	2.380,00	
an 2000 Rohstoffe		2.000,00
an 2600 Vorsteuer		380,00

Nachlässe von Lieferanten

Bei Nachlässen handelt es sich um eine Minderung der Anschaffungs- bzw. Einkaufspreise durch Gutschriften aufgrund von Mängelrügen, Gutschriften für nachträgliche Umsatzrabatte (Boni) und Barzahlungsrabatte für die rechtzeitige Zahlung (Skonti).

Damit die Übersicht über Nachlässe bei der Umsatzsteuerverprobung und der Kalkulation erhalten bleibt, werden die nachträglichen Preisnachlässe auf Unterkonten (Nachlässe) zum jeweiligen Hauptkonto Rohstoffe, Hilfs- und Betriebsstoffe gebucht.

> Bei Anlagenkäufen werden die Minderungen direkt auf das Anlagenkonto gebucht!

Zum Monats- oder Jahresabschluss werden die Unterkonten auf die Hauptkonten umgebucht.

BEISPIEL:

Ein weiterer Teil der bezogenen Rohstoffe aus dem Beispiel oben ist ebenfalls mangelhaft, aber diese Rohstoffe können noch verwertet werden, wenn sie nachbehandelt sind. Der Lieferant gewährt einen Preisnachlass von netto 1.000 EUR + 19 % Mehrwertsteuer. Wie lautet die Buchung?

Der Buchungssatz lautet:

Konto	Soll	Haben
4400 Verbindlichkeiten L.u.L.	1.190,00	
an 2002 Nachlässe Rohstoffe		1.000,00
an 2600 Vorsteuer		190,00

Die Überweisung – Nettobuchung

Das Finanzamt verlangt, dass bei Korrekturen des Rechnungsbetrages die ausgewiesene Mehrwertsteuer ebenfalls korrigiert wird. Bei der Nettobuchung wird diese Korrektur sofort bei Buchungen der Zahlungen an den Lieferanten oder vom Kunden wegen der korrekten Ermittlung der Umsatzsteuerzahllast an das Finanzamt vorgenommen.

BEISPIEL:

Die Eingangsrechnung ER 320 von der Lieferfirma Otto Meier, netto 3.000 EUR + 570 EUR Mehrwertsteuer, bezahlt die Heinrich Schulze GmbH unter Abzug von 2 % Skonto durch eine Banküberweisung. Wie lautet die Nettobuchung?

Bei Zahlung unter Abzug von Skonto werden sowohl der Nettobetrag der zu bezahlenden Rechnung als auch die anteilige Mehrwertsteuer und damit der Bruttobetrag gekürzt. Die Nebenrechnung dazu:

Nettobetrag	3.000,00 EUR	–2 %	60,00 EUR
+ 19 % Mehrwertsteuer	570,00 EUR	–2 %	11,40 EUR
Bruttobetrag	3.570,00 EUR	–2 %	71,40 EUR
– 2 % Skonto	71,40 EUR		
Überweisungsbetrag	3.498,60 EUR		

Die Basis für die Umsatzsteuer (Mehrwertsteuer) ist der Umsatz. Da der Umsatz durch den Skontoabzug gekürzt wurde, ist folglich auch die Umsatzsteuer zu kürzen. In diesem Beispiel sind 11,40 EUR Vorsteuer zu korrigieren.

Auf dem Überweisungsträger, dem Überweisungsformular, werden im Feld »Verwendungszweck« die Rechnungsnummer, der Bruttobetrag und der Hinweis auf den Skontoabzug von 2 % angegeben, um die Kontierung des Beleges beim Empfänger zu vereinfachen.

Die Nettobuchung lautet wie folgt:

Konto	Soll	Haben
4400 Verbindlichkeiten	3.570,00	
an 2800 Bank		3.498,60
an 2002 Nachlässe Rohstoffe		60,00
an 2600 Vorsteuer		11,40

Buchungen in der Absatzwirtschaft

In der Absatzwirtschaft geht es um den Verkauf der eigenen, also selbst erstellten Erzeugnisse und um den Verkauf von Handelswaren. Werden diese Erzeugnisse »ab Werk« verkauft, so trägt der Kunde die Frachtkosten. Bei Lieferungen »frei Haus« trägt der Lieferant die Frachtkosten, die dann in der Lieferantenbuchhaltung als »Ausgangsfracht« zu buchen sind. Daneben fallen Buchungen für die Korrekturen an, die aufgrund von Rücksendungen, Preisnachlässen wegen mangelhafter Lieferung oder durch Skonti, Boni entstehen.

Lieferung frei Haus

Warenschulden sind üblicherweise Holschulden. Das heißt, der Käufer trägt das Risiko und die Kosten für den Transport. Käufer haben daher alle Vertriebskosten, Vertriebsprovisionen, Lagerkosten, die Kosten für Verpackungsmaterial und Frachten zu tragen. Ist dagegen im Kaufvertrag »Lieferung frei Haus« vereinbart, so trägt der Lieferant die Transportkosten.

BEISPIEL:

Zielverkauf von eigenen Erzeugnissen frei Haus, AR 250 über netto 5.000 EUR + 950 EUR Mehrwertsteuer. Die Rechnung des Spediteurs für die Transportkosten lautet über 350 EUR + 66,50 EUR Mehrwertsteuer. Wie lautet die Buchung beim Lieferanten?

Der Buchungssatz für den Verkauf lautet:

Konto	Soll	Haben
2400 Forderungen L.u.L.	5.950,00	
an 5000 Umsatzerlöse eig. Erz.		5.000,00
an 4800 Umsatzsteuer		950,00

Der Buchungssatz für die Speditionsrechnung lautet:

Konto	Soll	Haben
6140 Ausgangsfrachten	350,00	
2600 Vorsteuer	66,50	
an Verbindlichkeiten L.u.L.		416,50

Verkauf von Handelswaren ab Werk

Wird im Kaufvertrag »ab Werk« festgelegt, bedeutet dies, dass der Kunde selber für die Anlieferung sorgen muss. Die Kosten für den Spediteur wird der Kunde auf das Unterkonto von »2280 Handelswaren« buchen müssen. Das Unterkonto lautet »2281 Bezugskosten für Handelswaren«. Beides zusammen bildet dann die Bezugs- oder Einstandskosten der Ware. Das folgende Beispiel zeigt, wie der Lieferant bucht.

BEISPIEL:

Zielverkauf von Handelswaren ab Werk, netto 2.000 EUR + 380 EUR Mehrwertsteuer.

Die Buchung beim Lieferanten lautet:

Konto	Soll	Haben
2400 Forderungen L.u.L	2.380,00	
an 5100 Umsatzerlöse Waren		2.000,00
an 4800 Umsatzsteuer		380,00

Rücksendung/Gutschriften

Rücksendungen von Waren führen zu Rückbuchungen (Storno), d.h., der Buchungssatz der Waren wird einfach umgekehrt gebucht, während Gutschriften für Preisminderungen, Skonti oder Boni Berichtigungsbuchungen erfordern.

Die Rückbuchung

BEISPIEL:

Der Kunde hat aufgrund einer berechtigten Mängelrüge einen Teil der Waren im Wert von netto 300 EUR + 57 EUR Mehrwertsteuer zurückgeschickt. Wie lautet die Buchung?

Hierbei wird der Buchungssatz des Zielverkaufs einfach umgedreht (Stornobuchung).

Die Buchung lautet:

Konto	Soll	Haben
5100 Umsatzerlöse Waren	300,00	
4800 Umsatzsteuer	57,00	
an 2400 Forderungen		357,00

Die Buchung einer Preisminderung

Wie wäre es aber, wenn der Kunde die beanstandete Ware billiger kaufen kann? Er erhält dann eine Preisminderung. Diese wird auf das Unterkonto »Erlösberichtigung« der Umsatzerlöse gebucht, welches später über das Konto Umsatzerlöse abgeschlossen wird.

BEISPIEL:

Der Kunde erhält eine Gutschrift über die Preisminderung in Höhe von 50 EUR + 9,50 EUR Mehrwertsteuer. Wie ist zu buchen?

Die Buchung lautet:

Konto	Soll	Haben
5101 Erlösberichtigung Waren	50,00	
4800 Umsatzsteuer	9,50	
an 2400 Forderungen		59,50

Überweisung vom Kunden (AR 250)

Zahlt der Kunde unter Abzug von Skonto, so muss ebenfalls eine Berichtigungsbuchung der **Umsatzsteuer** mit der Nettobuchung durchgeführt werden. Der Grund für die Nettobuchung: Der Rechnungsbetrag (netto) ist die Basis für die Mehrwertsteuer. Sobald er sich ändert, z. B. durch Preisminderungen, Rabatte und Skonto, muss die vorher eingebuchte Vor- oder Umsatzsteuer berichtigt werden.

BEISPIEL:

Der Kunde überweist den Betrag der Ausgangsrechnung AR 250 (Verkauf eigene Erzeugnisse), netto 5.000 EUR + 950 EUR = brutto 5.950 EUR, abzüglich 3 % Skonto = 5.771,50 EUR (Überweisungsbetrag). Wie lautet die Buchung?

Die Nebenrechnung:

Nettobetrag	5.000,00 EUR	–3 %	150,00 EUR
+ 19 % Mehrwertsteuer	950,00 EUR	–3 %	28,50 EUR
Bruttobetrag	5.950,00 EUR	–3 %	178,50 EUR
– 2 % Skonto	178,50 EUR		
Überweisungsbetrag	5.771,50 EUR		

Die Nettobuchung lautet:

Konto	Soll	Haben
2800 Bank	5.771,50	
5001 Erlösberichtigung	150,00	
4800 Umsatzsteuer	28,50	
an 2400 Forderungen L.u.L.		5.950,00

Die Lohn- und Gehaltsbuchung

Bei der Lohn- und Gehaltsbuchung ist man mit vielen verschiedenen Konten und Buchungen konfrontiert: Unternehmen müssen vom Bruttogehalt ihrer Arbeitnehmer die verschiedenen anfallenden Steuern und Sozialversicherungsbeiträge, die Sozialabgaben, abziehen und an die Behörden überweisen. Der Netto-Betrag muss an den Arbeitnehmer übertragen werden, d. h., wenn keine weiteren Abzüge wie Lohn- oder Gehaltsvorschüsse oder vermögenswirksame Anlagen etc. vorliegen.

Das folgende Beispiel zeigt eine Gehaltsabrechnung und -buchung. Es geht von einem Bruttogehalt von 2.715 EUR aus. Wegen der meist jährlichen Änderung der Beiträge zur Sozialversicherung werden hier keine Prozentsätze angegeben. Die Steuern an das Finanzamt setzen sich aus der Lohnsteuer, der Kirchensteuer und dem Solidaritätsbeitrag zusammen. Die Sozialabgaben beinhalten die Beiträge zur Krankenversicherung, der Pflegeversicherung, der Rentenversicherung und der Arbeitslosenversicherung. Der Gesamtbeitrag zur Sozialversicherung des Arbeitgebers ist geringer, da der Beitragssatz zur Krankenversicherung z. Z. niedriger ist. Außerdem hat der Gehaltsempfänger im letzten Monat einen Vorschuss von 300 EUR bekommen, der in dieser Abrechnung wieder abgezogen wurde. Die Gehaltsabrechnung lautet wie folgt:

Brutto	Steuern	Sozialabgaben	Netto	Vorschuss	Auszahlung
2.715,00	479,07	588,48	1.647,45	300,00	1.347,45

Sozialversicherungsanteil des Arbeitgebers: 564,05 EUR

Der Sozialversicherungsanteil (Arbeitnehmer- und Arbeitgeberanteil), also die Beiträge zur Krankenkasse, Pflege-, Renten- und Arbeitslosenversicherung werden vorab der entsprechenden Krankenkasse des Arbeitnehmers gemeldet und spätestens bis zum drittletzten Bankarbeitstag des laufenden Monats durch die Bank eingezogen. Diese Vorauszahlung wird auf dem Konto »2640 SV-Vorauszahlung« gebucht und bei den Buchungen der Löhne und Gehälter verrechnet.

Die Zahlungen an das Finanzamt erfolgen bis zum 10. des nächsten Monats.

Die Anteile zur Sozialversicherung betragen für den Arbeitnehmer 588,48 EUR und den Arbeitgeber 564,05 EUR = insgesamt also 1.152,53 EUR.

Die Buchung der Sozialversicherungsanteile lautet wie folgt:

Konto	Soll	Haben
2640 SV-Vorauszahlung	1.152,53	
an 2800 Bank		1.152,53

Die Buchung der Gehaltsabrechnung lautet:

Konto	Soll	Haben
6300 Gehälter	2.715,00	
an 4830 Verb. Finanzamt		479,07
an 2640 SV-Vorauszahlung		588,48
an 2650 Forderungen Mitarb.		300,00
an 2800 Bank		1.347,45

Die Buchung des Arbeitgeberanteils lautet wie folgt:

Konto	Soll	Haben
6400 Gesetzliche Sozialvers.	564,05	
an 2640 SV-Vorauszahlung		564,05

Die Personalkosten für den Arbeitgeber betragen hier insgesamt 3.279,05 EUR, zusammengesetzt aus dem Bruttogehalt von 2.715,00 EUR + 564,05 EUR Anteil an der Sozialversicherung.

Vermögenswirksame Leistungen

Sollte in Prüfungsaufgaben noch eine tarifliche vermögenswirksame Anlage des Arbeitgebers angegeben werden, wird verlangt, dass diese dann zum Bruttogehalt gezählt und auf das Konto »6300 Gehälter« bzw. »6200 Löhne« gebucht wird. In der Praxis wird dies getrennt erfasst. So wird die vermögenswirksame Anlage für Lohnempfänger auf das Konto »6220 Sonstige tarifliche/vertragliche Aufwendungen« und für Gehaltsempfänger auf »6320 Sonstige tarifliche/vertragliche Aufwendungen« im Soll gebucht. Der gesamte Anteil der vermögenswirksamen Leistung einschließlich des Arbeitnehmeranteils wird in der Gehalts- bzw. Lohnbuchung im Haben des Kontos »4860 Verbindlichkeiten vermögenswirksame Leistung« gebucht. Das Konto wird durch die Überweisung vom Arbeitgeber z. B. an die Bausparkasse im nächsten Monat ausgebucht.

Buchungen in der Anlagenwirtschaft

- Bewegliche Anlagegüter, wie z. B. Maschinen, Fahrzeuge oder die Betriebs- und Geschäftsausstattung, unterliegen der Abnutzung. Die dabei entstandene Wertminderung wird jedes Jahr als Aufwand (allgemein auch Abschreibung genannt) gebucht.
- Bei unbeweglichen Anlagegütern unterliegen nur die Gebäude der Abnutzung, Grundstücke hingegen nicht. Es sei denn, das Grundstück verliert durch besondere Umstände an Wert. Dann ist eine Anpassung notwendig. Die steuerliche oder **bi-**

lanzmäßige Abschreibung von Anlagegütern ist im Einkommensteuergesetz (EStG) geregelt. Sie wird dort als AfA (= Absetzung für Abnutzung) bezeichnet. In den Steuergesetzen ist nur dann von Abschreibung die Rede, wenn es sich um eine einmalige Total-Abschreibung handelt, z. B. beim Totalschaden eines Autos.

Für die Festsetzung der Nutzungsdauer empfiehlt sich die Anwendung der amtlichen Abschreibungstabellen, die, geordnet nach den beweglichen Anlagegütern, von den Fachverbänden der einzelnen Branchen herausgegeben werden.

Prüfer des Finanzamtes prüfen bei Außenprüfungen gerne die Höhe der Abschreibungen, da diese Abschreibungen als Aufwand den Gewinn im G+V-Konto mindern, was zur Folge hat, dass weniger Einkommen- bzw. Körperschaftsteuer gezahlt werden muss.

Unternehmer hatten bis 2010 das Wahlrecht zwischen der linearen und der degressiven Abschreibung. 2011 hat der Gesetzgeber die degressive Abschreibung abgeschafft. Sie kann daher für ab dem 01.01.2011 erworbene Wirtschaftsgüter nicht mehr genutzt werden. Seitdem gilt nur noch die lineare Abschreibung.

Wie funktioniert die Abschreibung?

Bei der linearen AfA wird der Anschaffungswert oder Herstellungswert der Anlage durch die Nutzungsjahre geteilt. Das Ergebnis ist die gleichmäßige (lineare) Abschreibung für jedes Jahr. Am Ende der Nutzungsjahre ist der Restbuchwert der Anlage Null. Denkbar wäre auch 1,00 EUR als Erinnerungswert. Für jede gekaufte Anlage wird eine Anlagenkarte bzw. Anlagendatei angelegt.

Die Anlagendatei wird nach den Bilanzpositionen des Anlagevermögens gegliedert: Grundstücke, Gebäude, Maschinen, Fuhrpark, Betriebsausstattung, Geschäftsausstattung. Jede Anlagendatei nimmt außerdem die genaue Bezeichnung des Anlagegutes, den Anschaffungswert, den Lieferanten, den Anschaffungszeitpunkt, den Standort, die Inventarnummer, die Nutzungsdauer, die Abschreibungsart und den Abschreibungsprozentsatz auf.

BEISPIEL:

Ein Unternehmer kauft am 20. Januar einen Drehautomaten zu 204.000 EUR netto + 38.760 EUR Mehrwertsteuer ein. Der Spediteur berechnet für die Fracht netto 1.200 EUR + 228 EUR Mehrwertsteuer. Die Aufstellung und Verankerung der Maschine erfolgt durch eigene Leute. Hierfür fallen 600 EUR Material und 320 EUR Löhne an. Außerdem gewährt der Lieferant 3 % Skonto. Wie hoch ist der Anschaffungswert der Maschine und wie hoch ist die Abschreibung am 31.12. (Bilanzstichtag), wenn die Maschine in 8 Jahren abgeschrieben werden soll?

Zunächst wird der Anschaffungswert berechnet. Berücksichtigt werden dabei auch alle Nebenleistungen und Wertminderungen wie Rabatt und Skonto. Die Mehrwertsteuer ist ein durchlaufender Posten, der nicht aktiviert, d. h. nicht in die Anschaffungskosten eingerechnet wird.

Berechnung des Anschaffungswertes:

Kaufpreis, netto	204.000,00 EUR
- 3 % Skonto	6.120,00 EUR
+ Fracht	1.200,00 EUR
+ Kosten für das Fundament	920,00 EUR
= zu aktivierende Anschaffungskosten	200.000,00 EUR

Die Anschaffungskosten von 200.000,00 EUR werden in die Anlagendatei eingetragen. Unterstellen wir, dass der Anschaffungswert im Soll des Kontos »TA und Maschinen« gebucht wurde. Hier die Anlagendatei:

Inventar-Nr.: 350		**Bezeichnung der Anlage:**			**Baujahr:** ..	
		Drehautomat				
Anlagen-Kto.: 0700		**Kostenstelle:** Dreherei		**Anschaffungsdatum:** ..-05-31		
Lieferant: Schmidt KG, Dortmund				**Bestellnummer:** 125		
				Garantie: 2 Jahre		
Voraussichtliche Nutzungsdauer: 8 Jahre				**Voraussichtlicher Schrottwert:** -		
Anschaffungskosten: 200.000,00 €				**Versicherungswert:** 220.000,00 €		
Abschreibungsart: linear				bilanz. AfA: 12,5 % / kalk. AfA 10 %		
Jahr		**Abschreibungen**		**Reparaturen**		
				Re-Nr. / Kostenstelle/ siehe Rückseite!		
	%satz	Betrag	Buchwert	Tag	Art	€
01. Jahr	12,5	25.000,00	175.000,00			
02. Jahr	12,5	25.000,00	150.000,00			

Beispiel einer Anlagendatei

Skonto wird nur vom reinen Warenwert, nicht von den Nebenkosten berechnet. Da die Maschine im Januar gekauft wurde, darf auch für das Anschaffungsjahr die volle Jahresabschreibung gebucht werden. Die Abschreibung auf TA (Technische Anlagen und Maschinen) für den Kauf beträgt:

200.000,00 EUR : 8 Jahre = 25.000,00 EUR pro Jahr bzw. 12,5 %

Gebucht wird die Abschreibung wie folgt:

Konto	Soll	Haben
6520 Abschreibungen auf Sachanlagen	25.000,00 EUR	
an 0700 TA u. Maschinen		25.000,00 EUR

Wäre die Maschine im März gekauft worden, so wäre die erste Jahresabschreibung auf 10 Monate umzurechnen. Der Ankaufsmonat zählt hierbei mit. Die Abschreibung würde dann folgendermaßen berechnet (ND = Nutzungsdauer in Jahren):

(Anschaffungswert × 10) ÷ (ND × 12 Monate) = lineare Abschreibung

Lineare und degressive AfA im Vergleich

Bei der degressiven Afa, die immer wieder abgeschafft und dann wieder eingeführt wurde, gelten zahlreiche Übergangsregelungen. Für in den Jahren 2009 und 2010 angeschaffte Wirtschaftsgütern ist die degressive Afa möglich. Hier gilt als

Abschreibungssatz das 2,5-fache der linearen AfA, höchstens jedoch 25 %. Im Fall des Kaufs des Drehautomaten aus dem Beispiel oben würde die Berechnung für die degressive Abschreibung folgendermaßen aussehen:

12,5 % der linearen Abschreibung × 2,5 = 31,25 %. Der Höchstsatz liegt bei 25 %, so dass im ersten Jahr 25 % des Anschaffungswertes degressiv abgeschrieben werden konnten, und in den weiteren Jahren 25 % vom jeweiligen Buchwert. Die folgende Tabelle zeigt anhand der Zahlen aus dem Beispiel oben, wie sich lineare und degressive AfA im Vergleich auswirken.

Abschreibungstabelle zur linearen und degressiven AfA:

Ermittlung des Buchwertes	Lineare AfA 12,50 %	Degressive AfA 25 %	Übergang zur lin. AfA
Anschaffungskosten	200.000,00	200.000,00	
– AfA 01. Jahr	25.000,00	50.000,00	
= Buchwert	175.000,00	150.000,00	
– AfA 02. Jahr	25.000,00	37.500,00	
= Buchwert	150.000,00	112.500,00	
– AfA 03. Jahr	25.000,00	28.125,00	
= Buchwert	125.000,00	84.375,00	
– AfA 04. Jahr	25.000,00	21.093,75	
= Buchwert	100.000,00	63.281,25	63.281,25
– AfA 05. Jahr	25.000,00	15.820,31	15.820,31
= Buchwert	75.000,00	47.460,94	47.460,94
– AfA 06. Jahr	25.000,00	11.865,24	15.820,31
= Buchwert	50.000,00	35.595,70	31.640,63

Ermittlung des Buchwertes	Lineare AfA 12,50 %	Degressive AfA 25 %	Übergang zur lin. AfA
– AfA 07. Jahr	25.000,00	8.898,93	15.820,31
= Buchwert	25.000,00	26.696,77	15.820,32
– AfA 08. Jahr	25.000,00	6.674,19	15.820,32
= Buchwert	0,00	20.022,58	0,00

Formel (aus Deitermann/Rückwart, Rechnungswesen für Bürokaufleute):

$i = n - \frac{100}{p} + 1$	$i = 8 - \frac{100}{25} + 1$
i = Übergangsjahr / n = Nutzungsdauer / p = AfA-Satz degressiv	

Die degressive Abschreibung bringt zwar in den ersten Jahren höhere Abschreibungsbeträge (Steuerersparnis). Sie erreicht jedoch nicht den Nullwert am Ende der Abschreibungszeit. Deshalb muss vorher zur linearen Abschreibung gewechselt werden. Im Beispiel wäre dies nach der Formelberechnung im fünften Jahr möglich. Der Buchwert des vierten Jahres wird auf die restlichen vier Jahre verteilt, d. h., der Buchwert am Ende des vierten Jahres in Höhe von 63.281,25 EUR wird durch die letzten vier Jahre geteilt, so dass jeweils 15.820,31 EUR pro Jahr abgeschrieben werden könnten; im letzten Jahr wegen des Ausgleichs einen Cent mehr.

> Nicht nur gekaufte Anlagen werden abgeschrieben, sondern auch selbsterstellte Anlagen, z. B. Maschinen.

AfA nach Leistungseinheiten

Bei Anlagen, deren Leistung in der Nutzung unterschiedlich ist, empfiehlt sich die Abschreibung nach Leistungseinheiten, z.B. bei Lkw oder Maschinen mit Stundenzählern in Schichtbetrieben.

BEISPIEL:

Die Anschaffungskosten eines LKW belaufen sich auf 120.000 EUR. Die voraussichtliche Gesamtfahrleistung beträgt 250.000 km. Die Abschreibung je km beträgt danach 0,48 EUR je km (120.000 EUR ÷ 250.000 km). Die jährliche Fahrleistung beträgt laut Fahrtenbuch 45.000 km im ersten Jahr. Wie hoch ist die Abschreibung?

Die Abschreibung des ersten Jahres beträgt 21.600 EUR (45.000 km × 0,48 EUR).

Der Vorteil dieser Abschreibungsart liegt darin, dass die wirkliche Abnutzung in der Abschreibung berücksichtigt wird.

Verkauf von Anlagen

Manchmal ist es erforderlich neu zu investieren und alte Anlagen, die sehr reparaturanfällig sind, zu verkaufen. Bei einem Verkauf innerhalb eines Jahres dürfen die Anlagen zeitanteilig abgeschrieben werden, um den Restbuchwert für den Verkauf zu ermitteln.

> Beim Verkauf einer Anlage darf der Verkäufer die zeitanteilige Abschreibung nur bis zu einem Monat vor dem Verkauf berechnen, da die Abschreibung wegen der Aufwandsbuchung und Minderung des buchmäßigen Gewinns nur insgesamt 12 Monate für Verkäufer und Käufer betragen darf.

Wird eine Anlage z.B. am 10. Mai eines Wirtschaftsjahres verkauft, so darf sie noch bis zum April, also einen Monat vorher, abgeschrieben werden, da sie ja noch bis zum Verkauf genutzt wurde. Der Käufer darf dann vom Anschaffungsmonat bis zum Bilanzstichtag (31. Dezember) abschreiben, also acht Monate. Die Abschreibung der Anlage darf insgesamt höchstens für 12 Monate berechnet werden.

Wenn der Verkaufspreis höher ist als der Buchwert

BEISPIEL:

Eine gebrauchte Maschine wird zum Preis von 15.000 EUR + 2.850 EUR Mehrwertsteuer am 15. April gegen Banküberweisung verkauft. Wie muss buchhalterisch verfahren werden, wenn am 01.01. der Buchwert 13.000 EUR und die jährliche lineare Abschreibung 6.000 EUR beträgt?

Wie bereits erklärt, darf der Verkäufer die Anlage bis zu einem Monat vor dem Verkaufsmonat abschreiben. Der Käufer hingegen darf vom Kaufmonat an bis zum Ende des Geschäftsjahres die Abschreibung vornehmen.

Berechnung des Restbuchwertes: Für die Monate Januar bis März darf noch eine zeitliche Jahresabschreibung vorgenommen werden:

6.000 EUR Jahresabschreibung × 3/12 Monate = 1.500,00 EUR

13.000,00 EUR – 1.500,00 EUR = 11.500,00 EUR Restbuchwert

So wird die Abschreibung gebucht:

6520 Abschreibungen auf Sachanlagen	**an**	0700 Maschinen

Die Abschlussbuchungen: Wegen der monatlichen Umsatzsteuerverprobung müssen alle steuerpflichtigen Umsätze laut § 22 UStG erst auf ein Erlöskonto gebucht werden. Im Beispielsfall sind das 15.000 EUR netto.

Die Buchung lautet:

Konto	Soll	Haben
2800 Bank	17.850,00	
an 5410 Erlöse Anlagenverkauf		15.000,00
an 4800 Umsatzsteuer		2.850,00

Das Anlagenkonto »0700 Technische Anlagen (TA) und Maschinen« weist nach der zeitanteiligen Abschreibung den folgenden Betrag aus, der nun im nächsten Monat abgeschlossen wird:

S	0700 TA/Maschinen		H
AB	13.000,00	AfA	1.500,00
		Rest	11.500,00

Im nächsten Monat wird umgebucht:

Konto	Soll	Haben
6979 Anlagenabgänge	11.500,00	
an 0700 TA und Maschinen		11.500,00

Die Konten der Kontenklasse 5 und 6 werden über das G+V-Konto abgeschlossen. Damit stehen die Anlagenabgänge den Erlösen gegenüber. Der Gewinn wird durch den Saldo ausgewiesen.

Verkaufspreis netto – Restbuchwert = Gewinn/Verlust

15.000,00 EUR – 11.500,00 EUR = 3.500,00 EUR Gewinn

Wenn der Verkaufspreis niedriger ist als der Buchwert

BEISPIEL:

Nehmen wir an, die Maschine aus dem Beispiel zuvor könnte nur zu 5.000 EUR plus 19 % Mehrwertsteuer in Höhe von 950 EUR verkauft werden. Die Ermittlung des Restbuchwertes nach der zeitanteiligen Abschreibung bleibt gleich. Hier ergeben sich 11.500 EUR.

Der Buchungssatz für den Verkauf lautet:

Konto	Soll	Haben
2800 Bank	5.950,00	
an 5410 Erlöse Anlagenverkauf		5.000,00
an 4800 Umsatzsteuer		950,00

Der Anlagenabgang im nächsten Monat wird so dargestellt:

Konto	Soll	Haben
6979 Anlagenabgänge	11.500,00	
an 0700 TA und Maschinen		11.500,00

Die Konten der Kontenklasse 5 und 6 werden wieder über das G+V-Konto abgeschlossen. Somit stehen die Anlagenabgänge den Erlösen gegenüber. Der Verlust wird durch den Saldo ausgewiesen. Der niedrige Verkaufspreis von netto 5.000,00 EUR führt zu einem Verlust:

5.000,00 EUR – 11.500,00 EUR Restbuchwert = 6.500,00 EUR Verlust

Geringwertige Wirtschaftsgüter

Geringwertige Wirtschaftsgüter sind bewegliche, abnutzbare und selbstständig nutzbare Wirtschaftsgüter, die bestimmte Grenzen des Kaufpreises netto nicht überschreiten.

- Büromaterial, das einen Nettowert bis zu 60 EUR hat, kann sofort auf das Konto »Büromaterial« gebucht werden. Dieses Konto wird zum Bilanzstichtag über das Konto »G+V« abgeschlossen.
- Geringwertige Wirtschaftsgüter von 61 EUR bis 150 EUR netto werden zunächst auf das Konto »0890 Geringwertige Wirtschaftsgüter« und danach am Bilanzstichtag auf das Konto

»6540 Abschreibungen auf Geringwertige Wirtschaftsgüter« voll abgeschrieben.

- Geringwertige Wirtschaftsgüter von 151 EUR bis 1.000 EUR netto werden in einem jährlichen Sammelkonto mit der Kontennummer 0891 erfasst und in fünf Jahren mit 20 % abgeschrieben.

Seit dem 01. Januar 2010 gilt die alte Höhe für Geringwertige Wirtschaftsgüter von 410 EUR netto wieder, d. h., es besteht ein Wahlrecht für selbstständig nutzbare bewegliche Wirtschaftsgüter, die nach dem 31.12.2009 erworben oder hergestellt werden: hierbei darf bis zu einer Höhe von 410 EUR netto die Sofortabschreibung gewählt werden.

Voraussetzung dafür ist, dass Wirtschaftsgüter, die den Wert von 150 EUR überschreiten, in einem laufend zu führenden Verzeichnis aufgenommen werden, aus dem der Tag der Anschaffung oder Herstellung hervorgeht.

> Sollte der Nettowert einer Anlage gerade über 410 EUR liegen, so kann mithilfe eines Skontos der Anschaffungswert eventuell unter die 410-EUR-Grenze verringert werden. Damit wäre die Sofortabschreibung möglich.

Abschreibungen auf Forderungen

Am Bilanzstichtag sind alle Forderungen gegenüber den Kunden nach deren Bonität zu prüfen und zu bewerten. Die Forderungen werden hier in **drei Gruppen** unterteilt.

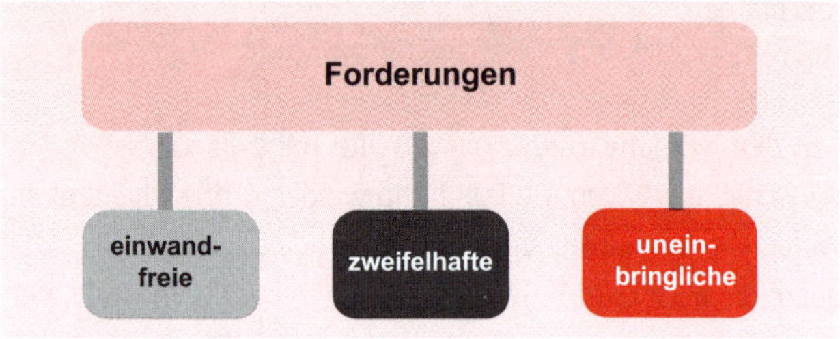

Forderungsgruppen

- Bei den **einwandfreien** Forderungen wird davon ausgegangen, dass die Kunden die in den Ausgangsrechnungen (AR) ausgewiesenen Beträge begleichen.
- Bei **zweifelhaften** oder dubiosen Forderungen ist der Zahlungseingang ungewiss, so z. B. wenn Kunden trotz Mahnungen nicht zahlen oder ein Insolvenzverfahren beantragt oder eröffnet wurde. Solche Forderungen werden auf das zusätzliche Bilanzkonto »**Zweifelhafte Forderungen**« umgebucht. Die Umbuchung ist aus Gründen der Bilanzwahrheit und -klarheit erforderlich.
- **Uneinbringlich** sind Forderungen, wenn der Forderungsausfall endgültig feststeht. Das ist immer anzunehmen bei Insolvenzverfahren, die mangels Masse eingestellt wurden, oder wenn Pfändungen fruchtlos blieben bzw. bei einer Ver-

jährung der Forderungen. Die Forderung wird dann mit dem **Nettobetrag direkt abgeschrieben**; die Umsatzsteuer wird korrigiert.

Totalausfall einer Forderung

BEISPIEL:

Eine uneinbringliche Forderung beträgt 1.190 EUR (1.000 EUR + 190,00 EUR MwSt.). Wie lautet die Buchung?

Die Buchung des Totalausfalls wird wie folgt vorgenommen:

Konto	Soll	Haben
6950 Abschreibung Forderungen	1.000,00	
4800 Umsatzsteuer	190,00	
an 2400 Forderungen		1.190,00

Zweifelhafte Forderung

BEISPIEL:

Über das Vermögen des Kunden Fritz Piepenbrink wurde am 12.05. der Antrag auf Eröffnung eines Insolvenzverfahrens gestellt. Unsere Forderung beträgt 9.520 EUR (8.000 EUR + 1.520 EUR MwSt.). Wie ist zu buchen?

Die Buchung am 12.05. lautet wie folgt:

Konto	Soll	Haben
2500 Zweifelhafte Forderungen	9.520,00	
an 2400 Forderungen L.u.L.		9.520,00

Am 15.09. des gleichen Jahres ist das Insolvenzverfahren abgeschlossen. Der Insolvenzverwalter überweist die Insolvenzquote von 15 % der Forderung auf das Bankkonto des Gläubiger-Unternehmens. Wie lauten die Abschlussbuchungen dort?

Zur besseren Übersicht bedienen wir uns einer Tabelle*:

Zweifelhafte Forderung - Zahlungseingang	9.520,00 1.428,00	15 % Quote
= Restforderung - Umsatzsteueranteil	8.092,00 1.292,00	**8.092 × 19** 119
= Verlust, Abschreibung	6.800,00	

* In Anlehnung an Schmolke/Deitermann/Rückwart, Rechnungswesen für Bürokaufleute, Bochum 2012.

Die Mehrwertsteuer der Gesamtforderung wird um den Anteil der tatsächlich verlorenen Forderung korrigiert. Die Restforderung von 6.800 EUR ist abzuschreiben.

Die Buchungssätze zum Abschluss des Verfahrens lauten:

Konto	Soll	Haben
2800 Bank	1.428,00	
4800 Umsatzsteuer	1.292,00	
6950 Abschreibung Forderung	6.800,00	
an 2500 Zweifelhafte Forderung		9.520,00

Der Jahresabschluss

Der Jahresabschluss, der, wie der Name es schon sagt, am Ende eines Wirtschaftsjahres aufgestellt wird, umfasst bei Einzelunternehmen und Personengesellschaften laut HGB die Bilanz und die Gewinn- und Verlustrechnung. Bei Kapitalgesellschaften umfasst er die Bilanz, die Gewinn- und Verlustrechnung und den sog. Anhang.

Der Anhang erläutert die Bilanz und die Gewinn- und Verlustrechnung, so unter anderem die angewandten Bilanzierungs- und Bewertungsmethoden, die Aufgliederung der Umsatzerlöse z. B. nach Märkten, die durchschnittliche Beschäftigungszahl.

Man unterscheidet die Anfangs- und Schlussbilanz eines Wirtschaftsjahres. Die Anfangsbilanz bildet bei Neugründungen die Gründungsbilanz und am Anfang eines Geschäftsjahres die Eröffnungsbilanz, aus der die Bestände in die Konten eröffnet werden, damit die Buchungssätze des Jahres darin gebucht werden können. Die Schlussbilanz ist gewissermaßen das »Schlusslicht« der Buchführung, d. h., sie hat am Ende des Geschäftsjahres alle Werte aus den Konten zu übernehmen. Dabei werden die Aufwands- und Ertragskonten über das »Gewinn- und Verlustkonto« abgeschlossen. Die Bestandskonten, die das Vermögen und die Schulden ausweisen, werden über die Inventur überprüft und zu einer sog. Schlussbilanz abgeschlossen, also gebucht, die vom Inhaber mit Ort und Datum unterschrieben wird.

Die Bilanz wird in Kontenform veröffentlicht, die Gewinn- und Verlustrechnung bei Kapitalgesellschaften dagegen in einer Staffelform (Erträge – Aufwendungen = Jahresüberschuss oder Jahresfehlbetrag).

Das Eigenkapital bei Kapitalgesellschaften umfasst das gezeichnete Kapital (bei der Aktiengesellschaft die Nennwerte der Aktien), die Kapitalrücklagen, die Gewinnrücklagen, den Gewinn- oder Verlustvortrag, den Jahresüberschuss oder den Jahresfehlbetrag.

Zeitliche Jahresabgrenzungen

Eine elementare Aufgabe des Jahresabschlusses ist es, den Gewinn oder Verlust im Geschäftsjahr zu ermitteln. Unverzichtbar dafür ist, dass die Aufwendungen und Erträge genau demjenigen Geschäftsjahr zugeordnet werden, zu dem sie wirtschaftlich gehören. Aufwendungen und Erträge, die nicht wirtschaftlich zu dem Geschäftsjahr gehören, müssen dagegen abgegrenzt werden. Es geht also darum, dass der Gewinn oder Verlust periodengerecht erstellt wird, d.h., dass nur Aufwendungen und Erträge des Geschäftsjahres in die »G+V« gebucht werden, da der Gewinn besteuert wird. Für die zeitlichen Jahresabgrenzungen gibt es vier Konten:

- Aktive Rechnungsabgrenzungsposten (Aktive RAP)
- Passive Rechnungsabgrenzungsposten (Passive RAP)

- Sonstige Forderungen
- Sonstige Verbindlichkeiten

> Die Konten für die zeitlichen Jahresabgrenzungen sind Interimskonten (Zwischenkonten), die beim Jahresabschluss zur periodengerechten Abrechnung der Aufwendungen und Erträge benötigt werden.

Für die Aufstellung des Buchungssatzes ist entscheidend, ob im alten oder neuen Jahr gezahlt wurde bzw. gezahlt wird.

Zahlungen	Altes Jahr	Neues Jahr	Buchungen am Bilanzstichtag
von uns im alten Jahr	Ausgabe	Aufwand	Aktive RAP **an** Aufwandskonto
an uns im alten Jahr	Einnahme	Ertrag	Ertragskonto **an** Passive RAP
von uns im neuen Jahr	Aufwand	Ausgabe	Aufwandskonto **an** Sonstige Verbindlichkeiten
an uns im neuen Jahr	Ertrag	Einnahme	Sonstige Forderungen **an** Ertragskonto

Zahlungen im alten Jahr stellen »Aktive bzw. Passive Rechnungsabgrenzungen« dar. Bei Zahlungen im neuen Jahr dagegen sind »Sonstige Forderungen bzw. Sonstige Verbindlichkeiten« zu wählen.

Aktive Rechnungsabgrenzung: Der Betrieb hat gezahlt

BEISPIEL:

Die Kfz-Versicherung in Höhe von 600 EUR wurde am 31. März für ein Jahr im Voraus per Banküberweisung bezahlt.

Der Betrieb war aktiv, d.h., er hat einen Teil der Versicherung für das neue Jahr im Voraus gezahlt. Im Beispiel gehören, bezogen auf den Jahresabschluss, neun Monate wirtschaftlich zum alten Jahr. Die drei Monate des neuen Jahres werden »abgegrenzt«, d.h., sie werden auf das Zwischenkonto »Aktive Rechnungsabgrenzungen« umgebucht.

Bei Buchungen für das alte **und** das neue Jahr spricht man von transitorischen Posten (transire = lat. für hinübergehen).

Der Betrag für das neue Jahr ist unter dem Konto »Aktive Rechnungsabgrenzungsposten« oder kurz »Aktive RAP« abzugrenzen.

Die Buchung am 31. März lautet wie folgt:

Konto	Soll	Haben
6900 Versicherungsbeiträge	600,00	
an 2800 Bank		600,00

Unterstellen wir bei der Bank einen Anfangsbestand (AB) von 5.000 EUR, dann sieht die Buchung folgendermaßen aus:

S	6900 Versicherungen		H
2800	600,00		

S	2800 Bank		H
AB	5.000,00	6900	600,00

Die 150 EUR für die drei Monate des neuen Jahres müssen abgegrenzt, d.h. aus dem Konto »Versicherungsbeiträge« ausgebucht werden.

Die Buchung am 31.12. lautet wie folgt:

Konto	Soll	Haben
2900 Aktive Jahresabgrenzung	150,00	
an 6900 Versicherungsbeiträge		150,00

S	2900 Aktive RAP		H
6900	150,00		

S	6900 Versicherungen		H
2800	600,00	2900	150,00

Der Saldo von 450 EUR im Konto »Versicherungen« wird in die G+V gebucht. Das Konto »2900 Aktive Rechnungsabgrenzung« wird mit dem Schlussbilanzkonto (SBK) abgeschlossen und im nächsten Jahr mit dem Eröffnungsbilanzkonto als Gegenkonto eröffnet. Danach erfolgt die Umbuchung auf das Konto »6900 Versicherungsbeiträge«. Doch zunächst die Abschlussbuchungen:

Abschluss des Kontos »2900 Aktive RAP«:

Konto	Soll	Haben
8010 Schlussbilanzkonto (SBK)	150,00	
an 2900 Aktive RAP		150,00

S	8010 SBK		H
2900	150,00		

S	2900 Aktive RAP		H
6900	150,00	8010	150,00

Abschluss der Konten:

Konto	Soll	Haben
8020 G+V-Konto	450,00	
an 6900 Versicherungsbeiträge		450,00

S	8020 G+V		H
6900	450,00		

S	6900 Versicherungen		H
2800	600,00	2900	150,00
		8020	450,00
	600,00		600,00

Das Bankkonto wird als Bestandskonto in das SBK gebucht:

Konto	Soll	Haben
8010 SBK	4.400,00	
an 2800 Bank (Saldo)		4.400,00

S	8010 SBK		H
2900	150,00		
2800	4.400,00		

S	2800 Bank		H
AB	5.000,00	6900	600,00
		8010	4400,00
	5.000,00		5.000,00

Im neuen Jahr muss das Konto »Aktive RAP« über das Eröffnungsbilanzkonto 8000 (EBK) eröffnet werden. Der Betrag stammt aus der letzten Bilanz.

Buchungen im neuen Jahr – Eröffnung der Konten:

Konto	Soll	Haben
2900 Aktive RAP	150,00	
an 8000 EBK		150,00

S	2900 Aktive RAP		H
8000	150,00		

S	8000 EBK		H
		2900	150,00

Auflösung des Kontos »Aktive RAP«:

Konto	Soll	Haben
6900 Versicherungen	150,00	
an 2900 Aktive RAP		150,00

S	6900 Versicherungen		H
2900	150,00		

S	2900 Aktive RAP		H
8000	150,00	6900	150,00

Passive Rechnungsabgrenzung: Der Betrieb hat Geld erhalten

BEISPIEL:

Die Garagenmiete eines Mieters in Höhe von 150 EUR wird am 01. November für ein Vierteljahr im Voraus an den Betrieb durch die Bank überwiesen.

Bei dieser Zahlung war der Betrieb passiv; er hat die Leistung für den Betrag im Januar des neuen Jahres noch nicht erbracht. Deshalb muss der Betrag von 50 EUR für Januar als »Passive Rechnungsabgrenzung« ausgebucht werden.

Die Buchung am 01. November lautet:

Konto	Soll	Haben
2800 Bank	150,00	
an 54000 Mieterträge		150,00

Die Buchung am 31. Dezember lautet:

Konto	Soll	Haben
5400 Mieterträge	50,00	
an 4900 Passive RAP		50,00

Die Abschlussbuchungen:

Konto	Soll	Haben
5400 Mieterträge	100,00	
an 8020 G+V		100,00

Konto	Soll	Haben
4900 Passive RAP	50,00	
an 8010 SBK		50,00

Im neuen Jahr muss das Konto »Passive RAP« über das »EBK« eröffnet werden. Danach erfolgt die Ausbuchung über das Konto »Mieterträge«.

Sonstige Forderungen: Der Betrieb erhält erst im neuen Jahr Geld

BEISPIEL:

Die Bank schreibt dem Betrieb die Zinsen in Höhe von 800 EUR für Dezember erst im Januar des nächsten Jahres gut.

Der Betrieb hat eine Forderung gegen die Bank, das ist eine »sonstige Forderung«. Gezahlt wird an den Betrieb erst im neuen Jahr.

Hier sind also nur die Buchungen zum 31. Dezember notwendig:

Konto	Soll	Haben
2690 Sonstige Forderungen	800,00	
an 5710 Zinserträge		800,00

Abschlussbuchungen:

Konto	Soll	Haben
8010 SBK	800,00	
an 2690 Sonstige Forderung		800,00

Konto	Soll	Haben
5710 Zinserträge	800,00	
an 8020 G+V		800,00

Im neuen Jahr wird das Konto »Sonstige Forderungen« über das EBK eröffnet. Bei der Überweisung der Zinserträge durch die Bank wird dann der Betrag ausgebucht:

Bank	**an**	Sonstige Forderungen	800,00 EUR

Sonstige Verbindlichkeiten: Der Betrieb zahlt erst im neuen Jahr

BEISPIEL:

Die vom Betrieb geschuldete Lagermiete in Höhe von 3.600 EUR für Dezember wird erst im Januar des nächsten Jahres überwiesen. Der Betrieb zahlt daher erst im neuen Jahr.

Der Betrieb hat eine Schuld offen, das ist eine »sonstige Verbindlichkeit«. Hier ist nur eine Buchung am 31. Dezember notwendig:

Konto	Soll	Haben
6700 Mietaufwendungen	3.600,00	
an 4890 S.-Verbindlichkeiten		3.600,00

Die Abschlussbuchungen:

Konto	Soll	Haben
4890 S.-Verbindlichkeit	3.600,00	
an 8010 SBK		3.600,00
8020 G+V	3.600,00	
an 6700 Mietaufwendungen		3.600,00

Im nächsten Jahr erfolgt die Eröffnungsbuchung des Kontos »Sonstige Verbindlichkeiten« durch diesen Buchungssatz:

8000 EBK **an** 4890 Sonstige Verbindlichkeiten 3.600,00 EUR

Danach folgt der Ausgleich durch die Überweisung der Miete:

4890 Sonstige Verbindlichkeit **an** 2800 Bank = 3.600,00 EUR

Buchung einer Rückstellung

Rückstellungen werden für Verbindlichkeiten vorgenommen, deren Höhe und Fälligkeit noch ungewiss sind, so z. B. für noch nicht geltend gemachte Gewährleistungsansprüche von Kunden. Die Rückstellung wird anhand von geschäftlichen Unterlagen geschätzt und als Passivposten in der Bilanz ausgewiesen. Sie unterscheidet sich daher von der genau bestimmbaren »Sonstigen Verbindlichkeit«.

> Rückstellungen dürfen nicht mit Rücklagen verwechselt werden. Rückstellungen sind Schulden, sie gehören zum Fremdkapital. Rücklagen sind bei Kapitalgesellschaften das getrennt ausgewiesene Eigenkapital (Gezeichnetes Kapital und die Kapital- und Gewinnrücklagen) auf der Passivseite.

Auf der Passivseite der Bilanz werden nach § 266 HGB die Rückstellungen ausgewiesen als

- Pensionsrückstellungen
- Steuerrückstellungen
- sonstige Rückstellungen für Reparaturen, die in den nächsten drei Monaten nachgeholt werden, und Rückstellungen für schwebende Gerichtsprozesse.

Die Gegenbuchung zu den Rückstellungen ist der periodengerechte Aufwand. Der Buchungssatz lautet demnach:

Aufwandskonto	**an**	Rückstellungen

Die Aufwendungen mindern den Gewinn und damit die zu zahlende Ertragsteuer, z. B. die Einkommensteuer bzw. Körperschaftsteuer. Ihr weiterer Vorteil liegt darin, dass außer dem Aufwand im alten Jahr die Zahlung erst im neuen Jahr erfolgt. Dadurch ergibt sich ein Steuervorteil aufgrund des geminderten Gewinns.

BEISPIEL:

Zum Bilanzstichtag rechnet ein Unternehmer wegen eines schwebenden Prozesses mit Rechts- und Beratungskosten in Höhe von 11.000 EUR. Wie lautet die Buchung?

Die Buchung lautet wie folgt:

Konto	Soll	Haben
6770 Rechts- und Beratungsk.	11.000,00	
an 3900 Rückstellungen		11.000,00

Die Rechts- und Beratungskosten werden über das G+V-Konto abgeschlossen. Das Konto »Rückstellungen« wird auf der Passivseite der Bilanz mit 11.000 EUR erfasst.

8020 G+V	**an**	6770 Rechts-/Beratungskosten	11.000,00 EUR
3900 Rückstellungen	**an**	8010 SBK	11.000,00 EUR

Wird z. B. im Februar des neuen Jahres der Gerichtsprozess beendet und betragen die Gerichtskosten »nur« 9.500,00 EUR, so ist die Rückstellung aufzulösen. Die Zahlung an das Gericht erfolgt durch die Banküberweisung. Der Rest ist auszubuchen. Im neuen Jahr wird das Konto »Rückstellungen« zuerst über das Eröffnungsbilanzkonto (EBK) eröffnet, um danach das Konto »Rückstellungen« auszubuchen.

8000 EBK	**an**	3900 Rückstellungen	11.000,00 EUR

Rückstellungen 11.000,00 EUR	**an**	2800 Bank 9.500,00 EUR
	an	5490 Periodenfremde Erträge 1.500,00 EUR

Sind dagegen höhere Gerichtskosten als erwartet entstanden, z. B. 13.000 EUR, so müssten 2.000 EUR als periodenfremder Aufwand auf das Konto »6990 Periodenfremde Aufwendungen« gebucht werden.

Inventur und Inventar

Jeder Wert in der Bilanz muss belegbar sein. Ein Kaufmann hat daher die Pflicht, über alle Werte ein Inventar aufzustellen. Daher sind die Inventur und damit die Aufnahme aller Bestände in das Inventarverzeichnis die Voraussetzungen, um die Bestände in eine Bilanz buchen zu können. Vor der Bilanzerstellung steht in den Unternehmen also die Inventur an.

> Inventur ist die mengen- und wertmäßige Bestandsaufnahme aller Vermögensteile und Schulden eines Unternehmens zu einem bestimmten Zeitpunkt.

Die Inventurverfahren

Unterschieden werden drei gängige Inventurverfahren:

1. **Die Stichtagsinventur oder zeitnahe Inventur:** Bei dieser Art der Inventur werden die Bestände an einem festgelegten Tag bzw. bis zu 10 Tage vor bzw. nach diesem Tag, etwa dem

Bilanzstichtag, mengenmäßig erfasst und in Inventurlisten eingetragen Viele Geschäfte haben dann »wegen Inventur geschlossen«. Diese Art der Inventur bildet die Bestände so ab, wie sie am Ende eines Geschäftsjahres de facto sind. Der Nachteil dieser Inventurmethode ist sicherlich eine Umsatzeinbuße an den Inventurtagen.

2. **Die verlegte Inventur:** Die körperliche Bestandsaufnahme erfolgt hier an einem beliebigen Tag innerhalb der letzten drei Monate vor oder der ersten zwei Monate nach dem Bilanzstichtag. Das verschafft insbesondere Kleinunternehmen einen größeren zeitlichen Spielraum. Das bedeutet aber auch, dass für den Zeitraum der Vor- oder Nachverlegung die Bestandsveränderungen aufgeschrieben werden müssen.

BEISPIEL: NACHVERLEGTE INVENTUR

Ein Unternehmen hat die Inventur um zwei Monate nachverlegt, d.h. auf Ende Februar. Der Bilanzstichtag war der 31. Dezember des Vorjahres. Die nachverlegte Inventur ergibt am 28. Februar einen Warenbestand von 150.000 EUR. Im Januar wurde für 30.000 EUR Ware hinzugekauft. Im Februar wurde für 45.000 EUR Ware verkauft. Wie hoch ist der Warenbestand für die noch zu erstellende Bilanz per 31. Dezember des letzten Jahres?

Der Wareneinkauf hat den Lagerbestand erst im Januar des neuen Jahres vermehrt. Er wird also abgezogen. Da der Verkauf im Februar stattfand, wird er wieder hinzugezählt, denn der verkaufte Bestand befand sich im Dezember noch am Lager.

Warenbestand	150.000,00 EUR
Januar	- 30.000,00 EUR
Februar	+ 45.000,00 EUR
Bilanzwert 31.12.	= 165.000,00 EUR

BEISPIEL: VORVERLEGTE INVENTUR

Ein Unternehmen hat die Inventur um drei Monate vorverlegt, sie findet bereits am 30. September statt. Das Unternehmen hat kein abweichendes Geschäftsjahr, so dass der Abschluss kalendermäßig zum 31. Dezember vorgenommen wird. Am 30. September ergibt die Inventur einen Warenbestand in Höhe von 120.000 EUR. Am 10. Oktober werden für 10.000 EUR Waren verkauft. Am 15. November werden für 8.000 EUR Waren hinzugekauft. Am 18. Dezember werden wiederum Waren für 12.000 EUR verkauft. Wie hoch ist der Bestand am 31. Dezember?

Warenbestand	120.000,00 EUR
10.10.	- 10.000,00 EUR
15.11.	+ 8.000,00 EUR
18.12.	- 12.000,00 EUR
Bilanzwert 31.12.	= 106.000,00 EUR

3. **Die permanente Inventur:** Die permanente Inventur (laufende Inventur), auch Buchinventur genannt, wird meistens in größeren Betrieben durchgeführt. Hierzu ist erforderlich eine Lagerkartei oder -datei, in der alle Zu- und Abgänge fortlaufend erfasst werden. Die Kontrolle der Soll-Bestände aus der Kartei bzw. Datei wird durch die einmal im Jahr stattfindende körperliche Bestandsaufnahme zu einem beliebigen Zeitpunkt kontrolliert. Die dadurch ermittelten Ist-Bestände sind die Grundlage für die Bilanz. Inventurabweichungen

müssen gesucht und gegebenenfalls ausgebucht werden. Die Vorteile der permanenten Inventur:

- Betriebe müssen nicht wegen der Inventur geschlossen werden, da der Zeitpunkt der körperlichen Bestandsaufnahme (Inventur) beliebig wählbar ist.
- Die körperliche Bestandsaufnahme kann durchgeführt werden, wenn die Bestände niedrig sind, was die Zählarbeit minimiert.
- Außerdem sind die Daten über die fortlaufenden Lagerbestände wichtige Grundlagen für die Lagerhaltung, für die Kostenrechnung und nicht zuletzt für die Abteilungen Materialdisposition und Einkauf. Materialabforderungen werden bei der permanenten Inventur durch sog. Materialentnahmescheine erfasst. Sie haben den Vorteil, dass genau nachzuvollziehen ist, wer das Material für welche Kostenstelle (Arbeitsplatz) entnommen hat und für welchen Auftrag oder welche Reparatur es gebraucht wurde. Die Materialentnahmescheine bilden erstens den Beleg für die Herausgabe des Materials beim Magazin und für die Materialbuchung in der Lagerbuchhaltung, zweitens dienen sie der Kontrolle und drittens sind sie Belege für die Nachkalkulation von Aufträgen. Demgegenüber steht der Nachteil, dass die permanente Inventur viel Schreibarbeit erfordert, sicher im Hintergrund.

		Materialentnahmeschein	
Für Kostenstelle:		Für Auftragsnummer ~~bzw. Kostenart~~: 750.360	
Menge	Bezeichnung Stück, cm usw.	Materialbezeichnung	Wert in Euro
100	kg	Rohstoff HB 200	8.000,00
An Werkstatt:	Halle I	Empfänger: Herr Müller	Monat:
am: 12. Nov...		Ausgabe: **Schmidt**	November

Materialentnahmeschein

In vielen größeren Betrieben wird heute auf die Lagerhaltung verzichtet. Das Material wird »just in time«, gerade zur rechten Zeit angeliefert und sofort in die Fertigung gegeben. Das Lager liegt also auf dem LKW und damit auf der Straße. Immer wieder benötigte Materialien werden durch die Eingabe in eine unternehmensintegrierte Software, z. B. von dem Unternehmen SAP auftragsbezogen gebucht, die damit den Verbrauch automatisch erfasst. Somit hält sich der Arbeitsaufwand der permanenten Inventur in Grenzen.

Das Inventarverzeichnis

Das Ergebnis der Inventarverfahren, also die Aufschreibung der Inventur, ist das Inventar. Dies ist ein ausführliches Verzeichnis aller Vermögensteile und Schulden eines Unternehmens zu einem bestimmten Zeitpunkt. Die Differenz zwischen Vermögen und Schulden ist das Reinvermögen oder Eigenkapital. Die durch die Inventur aufgenommenen und im Inventarverzeichnis aufgeschriebenen Bestände des Unternehmens müssen für die Bilanz in Euro bewertet werden, denn sie werden ohne Mengenangaben in der Jahresabschlussbilanz zu Bilanzpositionen zusammengefasst.

BEISPIEL:

Die Maschinenfabrik Egon Schulze hat zum Abschluss des Geschäftsjahres den Jahresabschluss zu erstellen. Dazu existiert das nachstehende **Inventarverzeichnis** zum 31. Dezember.

Inventar der Maschinenfabrik Egon Schulze, Dortmund, für den 31. Dezember		
A. Vermögen	**Euro (EUR)**	**Euro (EUR)**
I. Anlagevermögen		
01. Grundstücke		
Unbebautes Grundstück, Peterstraße 10–15	600.000,00	
Bebautes Grundstück, Eichenstraße 20–28	400.000,00	1.000.000,00
02. Gebäude		
Betriebsgebäude	3.000.000,00	
Verwaltungsgebäude	2.000.000,00	5.000.000,00
03. Technische Anlagen und Maschinen lt. Anlagenverzeichnis 1		2.500.000,00
04. Fuhrpark lt. Anlagenverzeichnis 2		500.000,00
05. Betriebs- und Geschäftsausstattung lt. Anlagenverzeichnis 3		350.000,00
II. Umlaufvermögen		
01. Rohstoffe lt. Inventurverzeichnis 4		2.150.000,00
02. Hilfsstoffe lt. Inventurverzeichnis 5		750.000,00
03. Betriebsstoffe lt. Inventurverzeichnis 6		120.000,00

04. Unfertige Erzeugnisse lt. Inventurverzeichnis 7		200.000,00
05. Fertige Erzeugnisse lt. Inventurverzeichnis 8		1.800.000,00
06. Forderungen lt. Inventurverzeichnis 9 (Debitorenliste)		980.000,00
07. Kassenbestand		20.000,00
08. Bankguthaben		
▪ Deutsche Bank	650.000,00	
▪ Stadtsparkasse Dortmund	200.000,00	850.000,00
		Summe des Vermögens: 16.220.000,00

B. Schulden	Euro (EUR)	Euro (EUR)
I. Langfristige Schulden		
01. Hypothekendarlehen der XY-Bank		3.500.000,00
02. Darlehen der XY-Bank		1.500.000,00
II. Kurzfristige Verbindlichkeiten		
Verbindlichkeiten aus Lieferungen und Leistungen		
laut Liefererdatei		550.000,00
		Summe der Schulden 5.550.000,00

C. Ermittlung des Reinvermögens (Eigenkapital)		
Summe des Vermögens		16.220.000,00
- Summe der Schulden		5.500.000,00
		= Reinvermögen (Eigenkapital) 10.670.000,00

Erläuterung:

A Vermögen

I. Anlagevermögen

Die folgenden Bilanzpositionen gehören langfristig zum Unternehmen, sie sind im Unternehmen angelegt. Bei einem gesunden Unternehmen ist das Anlagevermögen durch das Eigenkapital finanziert (sog. Goldene Bilanz- oder Finanzierungsregel). Das Anlagevermögen verliert (mit Ausnahme von Grundstücken) durch den Gebrauch bzw. durch die Abnutzung jedes Jahr an Wert. Diese Wertminderung wird in der Gewinn- und Verlustrechnung im Soll als Abschreibung (Aufwand) gebucht. Die Gegenbuchung wird im Haben des jeweiligen Anlagekontos vorgenommen.

1. Grundstücke: Aus Gründen der Bilanzwahrheit und -klarheit werden Grundstücke normalerweise in unbebaute und bebaute Grundstücke unterschieden. Bei Grundstücken findet in der Regel keine Abnutzung statt, d.h., sie werden normalerweise nicht abgeschrieben. Bei starken Wertminderungen wird der Bilanzwert angepasst.
2. Gebäude: Gebäude unterliegen der Abnutzung. Sie werden jährlich abgeschrieben. Bei baulichen Veränderungen wird der neue Wert aktiviert, d.h., der Bilanzwert erhöht sich. Kleinreparaturen werden als Aufwand gebucht, Großreparaturen werden »aktiviert« und damit dem jeweiligen Gebäudewert zugeschrieben.

3. Maschinen: In Herstellungsbetrieben und je nach Größe und betrieblicher Organisation des Unternehmens sind größere Maschinen, oft in Maschinenhallen, fest auf Fundamenten installiert, so z.B. in metallverarbeitenden Betrieben Drehautomaten, Stanzen, Pressen. Der Wert der Fundamente gehört mit zum Anschaffungspreis der Maschinen. Handmaschinen, wie z.B. die Handbohrmaschine, gehören nicht zu dieser Bilanzposition; sie sind der Bilanzposition »Betriebsausstattung« zuzuordnen oder werden als »Geringwertige Wirtschaftsgüter« im Jahr der Anschaffung voll abgeschrieben, wenn ihr Anschaffungswert netto, also ohne Mehrwertsteuer, 410 EUR nicht übersteigt.
4. Fuhrpark: Hierunter wird der innerbetriebliche Fuhrpark, unterschieden nach LKW und PKW, erfasst.
5. Betriebs- und Geschäftsausstattung: Zu der Betriebsausstattung gehört alles, was zur Ausstattung der betrieblichen Arbeitsplätze gehört: Werkbänke, Werkschränke, Werkzeuge, Handmaschinen usw. Unter dem Begriff Geschäftsausstattung werden alle Gegenstände in Verwaltungsgebäuden zusammengefasst, die langfristig dem Unternehmen dienen, z.B. Schreibtische, Aktenschränke, aber auch die EDV-Anlagen, soweit sie nicht zu den Geringwertigen Wirtschaftsgütern gehören.

> Gegenstände des Anlagevermögens sind mit ihren Anschaffungskosten zu aktivieren.
> Anschaffungskosten = (Anschaffungspreis + Anschaffungsnebenkosten – Minderungen)
> Anschaffungsnebenkosten sind z.B. die Bezugs- und die Aufstellungskosten. Unter Minderungen werden Rabatt und Skonto verstanden.

II. Umlaufvermögen

Die nachfolgenden Bilanzpositionen sind im Gegensatz zum Anlagevermögen nicht langfristig angelegt, sondern kurzfristig, d.h., infolge der Geschäftsfälle ändern sich diese Positionen ständig. So wird z.B. laufend Material eingekauft und bezahlt.

1. Rohstoffe: Bei der Herstellung von Produkten sind Rohstoffe der wesentliche Bestandteil eines Produktes. Bei der Möbelherstellung z.B. ist es das Holz.
2. Hilfsstoffe: Hierbei handelt es sich um ergänzende Stoffe. Bei Möbeln sind es z.B. der Leim, Schrauben, Scharniere, Farben.
3. Betriebsstoffe: Aus dem Namen lässt sich ableiten, dass es sich hier in erster Linie um Stoffe handelt, die das Betreiben von Maschinen möglich machen. Das sind z.B. Öle, Schmierstoffe, aber auch Putzlappen und Reinigungsbesen. Die Betriebsstoffe gehen nicht in das Produkt ein, sondern sie werden verbraucht. Da die Anschaffungspreise unterschiedlich sind, werden für die Bewertung »gewogene Durchschnittspreise« errechnet und mit den Marktpreisen am Bilanzstichtag verglichen.

4. Unfertige Erzeugnisse: In Produktionsbetrieben werden selbstverständlich zum Bilanzstichtag nicht alle Produkte bzw. Aufträge fertig sein, sondern erst in der nächsten Abrechnungsperiode. Sie müssen deshalb in der Bilanz mindestens zu **Herstellkosten** (= den Material- und Fertigungskosten) und höchstens zu **Herstellungskosten** (Herstellkosten + anteilige Verwaltungsgemeinkosten = Herstellungskosten) bewertet werden. Die Fertigungskosten setzen sich vorwiegend aus den angefallenen Löhnen und den dazu gehörenden allgemeinen Kosten des Fertigungsbereiches und den Sondereinzelkosten, z. B. Modellkosten, zusammen.

5. Fertige Erzeugnisse: Fertige Produkte stehen zum Verkauf bereit. Sie befinden sich im Fertigwarenlager, und sie werden ebenfalls zu Herstell- bzw. zu Herstellungskosten bewertet.

6. Forderungen L.u.L. (Forderungen aus Lieferungen und Leistungen): Wenn an einen Kunden Ware **auf Ziel** (auf Kredit) verkauft wurde, so besteht damit seitens des Unternehmens eine »Geldforderung« oder kurz »Forderung« gegenüber dem Kunden. Um einen Überblick über die Kunden zu behalten, ist es erforderlich, für jeden Kunden ein Konto zu führen, damit die Buchhaltung jederzeit einen Einblick in dessen Umsatz- und Zahlungsverhalten nehmen kann. Die Kundenkonten werden auch »Personenkonten« (im Gegensatz zum »Sachkonto« Forderungen) in der Bilanz genannt, da es sich bei Kunden um Schuldner handelt, (lateinisch: Debitor = der Schuldner). Das Bilanzkonto »Forderungen« weist demnach

die Summe aller Salden (Endbestände) der Debitorenkonten am Bilanzstichtag aus. Die Buchhalter bzw. Buchhalterinnen, die diese Debitorenkonten bearbeiten, werden auch Debitorenbuchhalter/innen genannt.

7. Kassenbestand: Das Kassenkonto weist am Bilanzstichtag den Barbestand in der Kasse aus. Obwohl die meisten Zahlungen über Bankkonten abgewickelt werden, ist es doch erforderlich, eine Kasse zu führen, um kleinere Beträge, z. B. Ausgaben für Porto, Taxifahrten oder kleinere Barkäufe gegen Quittung bezahlen zu können. Die Ein- und Auszahlungen sind in einem Kassenbuch, einem Nebenbuch der Buchhaltung, streng getrennt voneinander mit dem Datum und einem Kurztext täglich einzutragen. Dabei wird ein Durchschlag erstellt. Er ist bereits perforiert, so dass er herausgetrennt als Beleg für die Kassenbuchungen in der Finanzbuchhaltung dient. Die Differenz zwischen Ein- und Auszahlungen, kontrolliert durch die Inventur am Bilanzstichtag, ergibt den Saldo (Endbestand) für die Bilanz.

8. Bankguthaben: Die meisten Zahlungsvorgänge werden über Bankkonten abgewickelt. Hat ein Unternehmen mehrere Bankkonten bei verschiedenen Banken, so empfiehlt es sich für die Finanzbuchhaltung, ein internes Formular »Täglicher Finanzstatus« zu führen. In diesem werden die Guthaben aus den täglichen Kontoauszügen eingetragen, um einen Überblick zu haben, von welchem Konto Überweisungen getätigt werden können. Dabei empfiehlt sich auch der Eintrag des Überziehungskredites bzw. Dispositionskredites oder Limits.

Positive Endbestände (**Guthaben**) werden am Bilanzstichtag auf die **Aktivseite** der Bilanz übernommen. Negative Endbestände (**Kontenüberziehungen**) werden dagegen als kurzfristige Bankschulden auf die **Passivseite** der Bilanz gebucht. Belege sind die Kontenauszüge, die bei der Inventur zu überprüfen sind.

B. Schulden

Die Passivseite einer Bilanz gibt Auskunft über die »Mittelherkunft«, also die Finanzierung. Die Aktivseite gibt Auskunft über die »Mittelverwendung«, d. h., wie das Geld im Anlagevermögen bzw. im Umlaufvermögen, welches sich ständig verändert, angelegt wurde. Die Schulden werden in langfristige Schulden mit einer Laufzeit über einem Jahr und kurzfristige Schulden unter einem Jahr eingeteilt.

I. Langfristige Schulden: Das sind Hypotheken und gewährte langfristige Darlehen von Banken oder Lieferanten.

II. Kurzfristige Schulden: Verbindlichkeiten aus Lieferungen und Leistungen, kurz »Verbindlichkeiten aus L. u. L.«, sind Schulden gegenüber Lieferanten, die auf der Passivseite der Bilanz als Personenkonto geführt werden. Diese Lieferantenkonten werden auch »Kreditorenkonten« genannt (lat. credere = glauben). Die Gläubigerkonten geben Auskunft über die Zieleinkäufe und Zahlungen bzw. offenen Posten (unbezahlte Eingangsrechnungen). Die Saldenlisten der Kunden- und Lieferanten werden im Anhang eines Inventarverzeichnisses beigefügt.

Zu den weiteren kurzfristigen Schulden zählen die Verbindlichkeiten aus Wechselschulden, aus Kontoüberziehungen bei Banken und Schulden gegenüber dem Finanzamt, hier z. B. die monatlichen Umsatzsteuer- bzw. Mehrwertsteuerschulden und die Lohnsteuer, der Solibeitrag und die Kirchensteuer. Die monatlichen Sozialversicherungsbeiträge gegenüber Krankenkassen (monatliche Beiträge zur Kranken-, Renten-, Arbeitslosen- und Pflegeversicherung) aus Löhnen und Gehältern sowie der Arbeitgeberanteil zu den Sozialversicherungen bei Lohn- und Gehaltszahlungen dagegen werden bis zum drittletzten Bankarbeitstag des Monats schon vorher von den Krankenkassen eingezogen (siehe hierzu den Abschnitt »Die Lohn- und Gehaltsbuchung«).

Die Summe des in dem Inventarverzeichnis aufgeführten Vermögens (Anlage- und Umlaufvermögen) minus der Schulden (Lang- und kurzfristige Schulden) ergibt das Reinvermögen oder auch Eigenkapital.

Vermögen – Schulden = Reinvermögen (Eigenkapital)

Die Übernahme der Inventarwerte in die Bilanz

Die Inventarwerte werden ohne Mengenangaben, nach Überprüfung mit den Salden der Bilanzkonten (Bestandskonten), durch Abschlussbuchungssätze in das Schlussbilanzkonto gebucht. Aus den Werten des Schlussbilanzkontos erstellt die Finanzbuchhaltung die Bilanz.

Die Bilanz

Nach Abschluss der Inventur und mit Hilfe des Inventarverzeichnisses werden die Abschlussbuchungen in die G+V und in das Schlussbilanzkonto (SBK) übernommen. Aus dem SBK wird dann die gegliederte Bilanz aufgestellt. In der Bilanz sind das Vermögen, die Schulden und das Reinvermögen (Eigenkapital) von unten nach oben gemäß der Liquidität, geordnet – anders ausgedrückt: nach dem Aspekt, wie schnell sich Bilanzpositionen bei Bedarf verwerten, d. h. zu Geld machen lassen.

> Die Bilanz ist die Kurzform des Inventars.

Die Bilanz aus dem Inventarverzeichnis:

Aktiva	Bilanz zum 31. Dezember ... der Maschinenfabrik Egon Schulze		Passiva
	Euro (€)		Euro (€)
Anlagevermögen		I. Eigenkapital	10.670.000,00
1. Bebaute Grundstücke	1.000.000,00		
2. Gebäude	5.000.000,00	II. Schulden	
3. Maschinen	2.500.000,00	1. Hypotheken	3.500.000,00
4. Fuhrpark	500.000,00	2. Darlehen	1.500.000,00
5. Betriebs- und Geschäftsausstattung	350.000,00	3. Verbindlichkeiten	550.000,00
Umlaufvermögen			
1. Rohstoffe	2.150.000,00		
2. Hilfsstoffe	750.000,00		
3. Betriebsstoffe	120.000,00		
4. Unfertige Erzeugnisse	200.000,00		
5. Fertige Erzeugnisse	1.800.000,00		
6. Forderungen	980.000,00		
7. Kassenbestand	20.000,00		
8. Bankguthaben	850.000,00		
	16.220.000,00		16.220.000,00
Dortmund, im Januar ...			Egon Schulze

Bilanz

Die Auswertung des Jahresabschlusses

Zu internen und externen Unternehmensvergleichen und für die spätere Planung wird ein Unternehmer mithilfe von Kennziffern und Tabellen den Erfolg seines Unternehmens mit den betrieblichen Planvorgaben abgleichen. In der Betriebswirtschaftslehre nennt man dies Controlling. Banken verlangen vor einer Kreditvergabe die letzten Jahresabschlüsse, um über die Modalitäten und die Höhe eines Kredites zu entscheiden. Sie erstellen ausgehend von den Bilanzen und Gewinn- und Verlustrechnungen sogenannte Bilanzkennziffern.

Kennziffern geben kurz und knapp darüber Auskunft, ob sich das Unternehmen am Absatzmarkt erfolgreich gegenüber der Konkurrenz behaupten konnte. Dabei geht es um die verschiedenen Formen von Wirtschaftlichkeit und Rentabilität eines Unternehmens innerhalb eines Jahres. Neben dem Vergleich vergangener Jahre oder im Vergleich mit anderen gleichartigen Unternehmen ist es wichtig, den Verlauf, die Entwicklung eines Unternehmens aufzuzeigen. Das geschieht mit der Bewegungsbilanz. Dabei werden die wertmäßigen und prozentualen Veränderungen von Bilanzpositionen vergangener Jahre einander gegenübergestellt. Anhand der folgenden kleinen Bilanz werden dafür horizontale und vertikale Bilanzkennziffern errechnet.

- Bei den horizontalen Kennziffern werden Positionen der Aktivseite mit den Positionen der Passivseite verglichen.
- Bei den vertikalen Kennziffern werden Bilanzpositionen nur einer Seite (Aktiva oder Passiva) gegenübergestellt.

Aktiva		**Schlussbilanz**	Passiva
Anlagevermögen	450.000,00	Eigenkapital	600.000,00
Umlaufvermögen	550.000,00	Rückstellung	120.000,00
		Darlehen	12.500,00
		Verbindlichkeiten	267.500,00
	1.000.000,00		1.000.000,00

Der Anlagendeckungsgrad I

Es handelt sich hierbei um eine **horizontale Kennziffer**, die Aufschluss darüber gibt, ob das Anlagevermögen durch das Eigenkapital gedeckt ist, d.h., ob es von den Eigentümern aus eigenen Mitteln aufgebracht wurde. Sie wird mit folgender Formel errechnet:

(Eigenkapital × 100) ÷ Anlagevermögen = Deckungsgrad I

Liegt das Ergebnis bei mehr oder gleich 100 %, ist das Anlagevermögen durch das Eigenkapital gedeckt. Im Beispiel oben ergibt sich folgende Rechnung:

(600.000 × 100) ÷ 450.000 = 133,33 %

Das Ergebnis lautet also über 100 %. Das Anlagevermögen (AV) ist damit aus eigenen Mitteln bezahlt worden.

Der Anlagendeckungsgrad II

Sollte das Eigenkapital (EK) nicht ausreichen, so kann das langfristige Fremdkapital (FK) noch in die Berechnung mit einbezogen werden. Man spricht dann vom Anlagendeckungsgrad II.

[(EK + langfristiges FK) × 100] ÷ AV = Deckungsgrad II

[(600.000,00 + 12.500,00) × 100] ÷ 450.000,00 = 136,11 %

Weitere beliebte horizontale Kennziffern sind die Liquidität I. Grades, II. Grades und III. Grades. Sie geben darüber Aufschluss, wie flüssig das Umlaufvermögen des Unternehmens ist, um die kurzfristigen Verbindlichkeiten wie Lieferantenschulden oder Umsatzsteuerschulden zu bezahlen. Mehr Informationen hierzu finden Sie im TaschenGuide »Kennzahlen«.

Der Cashflow

Cashflow (Kassenzufluss) ist eine Kennzahl zur Beurteilung der Finanz- und Ertragssituation eines Unternehmens. Damit wird dessen Innenfinanzierung aufgezeigt, d.h. in welcher Höhe es selbst finanzielle Mittel zur Verfügung stellen kann. Diese Kennzahl ist wie alle Kennziffern vergangenheitsorientiert und stichtagsbezogen.

Der Cashflow wird wie folgt ermittelt:

Jahresüberschuss (Gewinn laut G+V)
+ Abschreibung (AfA) auf Sachanlagen
+ Zuführung zu langfristigen Rückstellungen

= Cashflow

Die Buchhaltung mit EDV

Wenn Sie die kostenlose Probe-DVD zu »Lexware Financial Office« installiert haben, können Sie mit einer darin vorangelegten Musterfirma die bereits vorgegebenen Buchungen nachvollziehen und einige Buchungen selbst ausprobieren.

> Eine kostenlose Demo-DVD dieses Programms können Sie unter schulen@lexware.de mit Ihrer vollständigen Postadresse anfordern.

Anhand dieses Finanzbuchhaltungsprogramms, im Folgenden kurz »Fibu-Programm« genannt, wird hier gezeigt, wie die Bestände der Debitoren (Kunden) und der Kreditoren (Lieferanten) am Jahresanfang eröffnet werden, und worin der Unterschied zwischen der schulischen Buchführung und der Finanzbuchhaltung der Betriebe besteht.

Zur Erinnerung: Je nach Größe des Unternehmens gibt es eine Abteilung »Kontokorrentbuchhaltung« oder bei einem großen Kunden- und Lieferantenstamm eine Kreditoren- und eine Debitorenbuchhaltung.

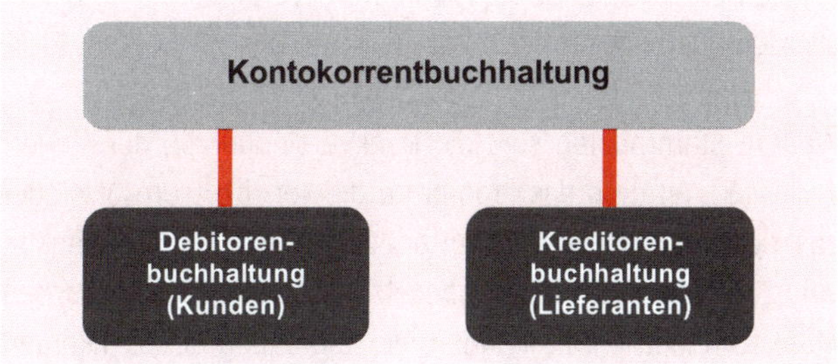

Kontokorrentbuchhaltung

> In der Demoversion des Lexware Buchhaltungsprogramms können Sie nicht die Firma wechseln, das Buchungsjahr oder den Kontenrahmen ändern. Dafür brauchen Sie die Vollversion, in der Sie neben anderen Kontenrahmen auch den Schulkontenrahmen (IKR) vorfinden.

Das Fibu-Programm von Lexware

Das Fibu-Programm bietet die Möglichkeit, die Stammdaten, die für einen längeren Zeitraum unverändert bleiben, voreinzurichten, damit diese bei Abruf zur Verfügung stehen, z. B. der Firmenname mit der Anschrift, der Kontenrahmen und die Buchungssymbole: ER für Eingangsrechnung, AR für Ausgangsrechnung, BA für Bankauszug usw. Für das Kontokorrent können in der Software Lieferanten- und Kundenkonten (Personenkonten) mit der Kontonummer sowie der Anschrift eingerichtet werden. Mit dem Programm werden alle Buchungen im Kontokorrent auf den entsprechenden Bilanzkonten »Verbindlichkeiten« und »Forderungen« gesammelt.

Weitere Stammdaten sind die Bankverbindungen, der Steuerschlüssel, mit dem das Programm die Vor- bzw. Umsatzsteuer aus dem eingegebenen Bruttobetrag errechnet, die Eingabe von Zahlungsfristen zur Vorbesetzung für die automatischen Mahnschreiben an die Kunden, die Zuordnung der Sachkonten zur Bilanz und G+V-Rechnung sowie die Gliederung der Bilanz und der Gewinn- und Verlustrechnung.

> Personenkonten sind alle Konten der Lieferanten und Kunden = Kontokorrent. Als Sachkonten werden alle anderen Konten bezeichnet. Stammdaten gelten für eine längere Zeit. Sie werden nur bei Bedarf geändert. Bewegungsdaten ändern sich bei jeder Buchung.

Die Software bietet eine Maske zur schnelleren Eingabe der Buchungsdaten, der Bewegungsdaten: In die vorgegebenen Felder wird das Buchungsdatum, die Belegnummer, der Brutto-Betrag aus den Belegen, der Buchungssatz und der Buchungstext eingegeben. Darüber hinaus gibt es die Möglichkeit, sich zu entscheiden, ob die Buchungen im Stapel- oder im Dialogbuchungsverfahren vorgenommen werden sollen. Die Entscheidung, mit welcher Variante gebucht werden soll, muss vor der gesamten Eingabe getroffen werden.

- Bei den Stapelbuchungen werden die Buchungen, wie der Name es schon sagt, »gestapelt«. Erst mit einem Klick auf »Buchen« wird der Stapel ausgebucht. Der **Vorteil** liegt darin, dass die Buchungen im Stapel geändert oder gelöscht werden können, da sie ja noch nicht auf den Konten gebucht sind. Ein empfehlenswertes Verfahren besonders für Anfänger.
- Das Gegenteil sind die **Dialogbuchungen**, bei denen direkt auf den entsprechenden Konten gebucht wird. Änderungen müssen hierbei durch Rückbuchungen (Stornobuchungen) vorgenommen werden. Für diese Stornobuchungen sind selbstverständlich auch Belege erforderlich, die sogenannten internen Belege.

Die Grundlagen für die laufenden Buchungen sind die Eröffnungsbuchungen am Jahresanfang mit den Anfangs-beständen aus der letzten Bilanz. Die Eröffnungsbuchungen werden durch den jeweiligen Eröffnungsbuchungssatz eingegeben. Auch hier gilt wieder der Grundsatz: Keine Buchung ohne Beleg!

Die letzte Bilanz mit ihren Endbeständen dient am Anfang des neuen Jahres als Anfangsbilanz. Da die Bestände nicht einfach auf die neuen Konten übertragen werden können, ist hierfür jeweils ein Buchungssatz erforderlich. Dazu wird das »Eröffnungsbilanzkonto« bzw. der Saldovortrag als Gegenkonto verwendet.

Buchungen mit der Demoversion

Nach dem Start des Programms empfiehlt sich folgende Vorgehensweise:

1. Klicken Sie nacheinander auf Musterfirma, Buchungen erfassen und Stapelbuchungen.
2. Im Menü wählen Sie »Buchungsverfahren neu«.
3. Im Menü »Verwaltung« entscheiden Sie sich für »Kontenverwaltung«.
4. Klicken Sie dann auf »Debitoren« und wählen Sie »Neu«.
5. Tragen Sie im sich öffnenden Fenster die Kontennummer und den Namen aus der Debitorenliste ein. Das erste Konto ist »10100 EDV Service Schmitt«. Verfahren Sie so mit allen Debitorenkonten.

6. Führen Sie Gleiches für die Kreditoren durch.
7. Legen Sie die Gegenkonten »Saldovorträge Debitoren: Kontonummer 9008« und »Saldovorträge Kreditoren: Kontonummer 9009« an.
8. Geben Sie den Buchungstext »Eröffnungsbuchungen« ein, damit Sie ihn für alle Eröffnungsbuchungen abrufen können.
9. Klicken Sie danach auf »buchen« und wählen Sie die Option »Netto«.
10. Tippen Sie den Betrag aus der Liste der Debitoren für den ersten Kunden ein (siehe hierzu die Liste weiter unten).
11. Rufen Sie den Buchungstext auf.
12. Im Soll wählen Sie das Debitorenkonto.
13. Im Haben wählen Sie das Konto »9008 Saldovorträge Debitoren«.
14. Klicken Sie dann auf den Button »buchen«.
15. Wiederholen Sie dieses Verfahren für jedes Debitorenkonto.
16. Ebenso eröffnen Sie die Konten »Kreditoren« mit dem Unterschied, dass Sie im Soll »9009 Saldovorträge Kreditoren« wählen und im Haben die Kreditorenkonten.
17. Drücken Sie danach auf »buchen«, damit die Stapelbuchungen in die Konten gebucht werden.
18. Im Menü »Ansicht« können Sie den Kontenplan sowie die einzelnen Konten anklicken.

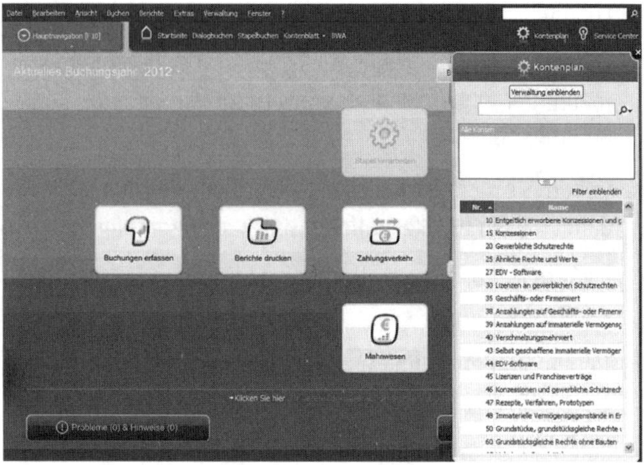

Lexware Financial Office : Das Startbild der Demoversion

Als Beispieldaten können Ihnen dabei die Daten der nachstehenden »Kurzbilanz der Maschinenfabrik Egon Schulze« dienen, die Sie für die »Musterfirma« verwenden können.

Aktiva	Kurzbilanz zum 31. Dezember ... der Maschinenfabrik Egon Schulze		**Passiva**
	Euro (€)		Euro (€)
Umlaufvermögen		I. Eigenkapital	1.470.180,00
1. Rohstoffe	2.176.300,00		
2. Forderungen	84.490,00	II. Schulden	
3. Bankguthaben	761.650,00	1. Darlehen	1.518.000,00
4. Kasse	18.100,00	2. Verbindlichkeiten	52.360,00
	3.040.540,00		3.040.540,00
Dortmund, im Januar ...			Egon Schulze

Kurzbilanz für Beispieldaten

Um die Vorgehensweise der EDV-Buchführung zu zeigen, werden aus der Bilanz je ein Aktiv- und ein Passivkonto eröffnet. Enthalten ist dabei auf der Aktivseite das Sammelkonto »Forderungen aus L.u.L.« für alle Kunden und auf der Passivseite das Sammelkonto »Verbindlichkeiten aus L.u.L.« für alle Lieferanten. Die dort gesammelten Personenkonten werden durch die Debitoren- und die Kreditorenlisten ergänzt. Die Salden (offene Posten) sind auf die bereits eingerichteten Debitoren- und Kreditorenkonten durch die Eröffnungsbuchungen zu übertragen.

Die Debitorenliste

Kundenkonten (Debitoren)			**Offene Posten**	
Konto	Kunden	Datum	AR	Betrag
10100	EDV Service Schmitt	25.11	750	35.700,00
10200	Computer & Software	10.12	751	38.080,00
10300	Buchführungsservice Meier	15.12	752	10.710,00
Summe Salden »Forderungen L.u.L.«				84.490,00

Die Kreditorenliste

Lieferantenkonten (Kreditoren)			**Offene Posten**	
Konto	Lieferanten	Datum	ER	Betrag
70112	Druckereiverband	13.12.	120	29.750,00
70113	Software	20.12.	35	14.280,00
70114	JVG	21.12.	830	8.330,00
Summe Salden »Verbindlichkeiten L.u.L.«				52.360,00

Führen Sie dann die folgende erste Buchung aus:

10100 EDV Service Schmitt	**an**	9008 Saldenvortrag Debitoren

Klicken Sie danach den Button »Buchen«, um die weiteren Salden buchen zu können. Wenn Sie die jeweils drei Positionen »Ausgangsrechnungen AR« und »Eingangsrechnungen ER« mit der letzten Eintragung eröffnet haben, dann sieht Ihr Buchungsblatt folgendermaßen aus:

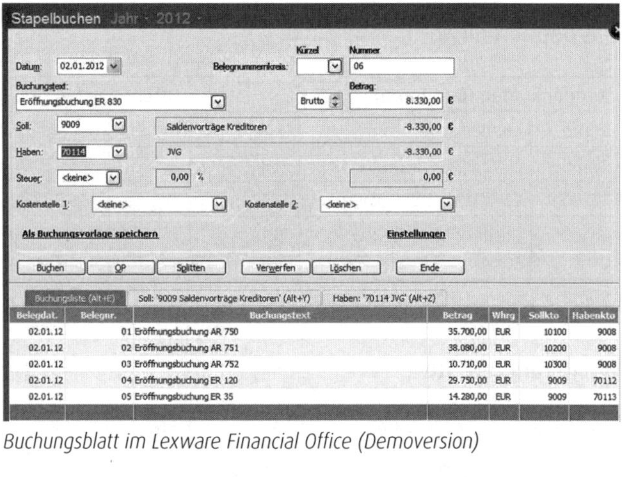

Buchungsblatt im Lexware Financial Office (Demoversion)

Um die Buchungen aus den »Stapelbuchungen« auf die Konten zu übertragen, ist es erforderlich, nochmals auf den Button »Buchen« zu klicken. Sollten Sie das Programm vorher beenden wollen, so werden Sie gefragt, ob Sie Ihre Buchungen auf das

Journal buchen wollen. Üblich ist, nach jeder Buchführungsarbeit die Daten auf einer externen Festplatte zu speichern oder auf eine DVD zu brennen, damit Sie diese immer parat haben.

Die Kosten- und Leistungsrechnung (KLR)

Die Geschäftsbuchführung ist unternehmensbezogen. Sie erfasst, soweit sie ordnungsgemäß ist, alle Geschäftsfälle, die zu einer Veränderung der Vermögens- und Kapitalwerte des Unternehmens führen. Das erlaubt zu jeder Zeit einen Überblick über die Vermögens- und Schuldensituation sowie den Gesamterfolg des Unternehmens. Einfach ausgedrückt beantwortet dagegen die Kosten- und Leistungsrechnung, kurz KLR, die Frage: Was kostet wie viel? Sie richtet sich nur an unternehmensinterne Adressaten und unterliegt daher auch nicht so strengen Regeln wie die Finanzbuchhaltung. Sie erfasst vor allem den durch die eigentliche betriebliche Tätigkeit (= Beschaffung, Produktion, Absatz) verursachten Werteverzehr (= Kosten) und die aufgrund dieser Tätigkeit erzielten Erträge (= Leistungen). Durch die Verrechnung der Kosten mit den Leistungen wird das Betriebsergebnis ausgewiesen.

> Leistungen – Kosten = Betriebsergebnis

Das Betriebsergebnis wird in der Ergebnistabelle ermittelt (siehe dazu näher den Abschnitt »Die Ergebnistabelle«).

Während die Buchhaltung Euro und Cent buchen muss, verzichtet die Kosten- und Leistungsrechnung auf die Centbeträge. Sie verwendet nur glatte Eurobeträge, da die KLR nur für innerbetriebliche Zwecke angewandt wird.

Die Kosten- und Leistungsrechnung kennt drei Bereiche:

- Die Kostenartenrechnung mit der Frage: Welche Kosten (Einzelkosten oder Gemeinkosten) sind angefallen?
- Die Kostenstellenrechnung mit der Frage: Wo sind die Kosten angefallen? In welchen Abteilungen?
- Die Kostenträgerrechnung mit der Frage: Wer trägt die Kosten? Hier werden die Produkte und andere innerbetriebliche Leistungen kalkuliert.

Wichtige Begriffe in der KLR

Die folgenden Begriffe sollten Sie kennen:

- Aufwendungen und Erträge
- Einnahmen und Ausgaben
- Kosten und Leistungen
- Kalkulatorische Kosten: Zusatz- und Anderskosten

Aufwendungen und Erträge

Aufwendungen und Erträge sind Begriffe der Buchhaltung.

- Aufwendungen hat das Unternehmen, wenn es Güter oder Dienstleistungen zur Produktion einsetzen muss. Darunter fallen Roh-, Hilfs- und Betriebsstoffe, Löhne und Gehälter der Mitarbeiter, Mietaufwendungen, Steuern. Daneben gibt es auch sogenannte neutrale Aufwendungen, die nicht unmittelbar mit der Produktion im Zusammenhang stehen. Neutrale Aufwendungen können durch Verluste aus dem Verkauf von Anlagen entstehen, oder betriebsfremd sein, z.B. durch Verluste aus dem Verkauf von Wertpapieren. So auch umgekehrt durch Erträge (neutrale Erträge). Betriebliche Aufwendungen sind Kosten, neutrale Aufwendungen sind Nichtkosten.
- Betriebliche Erträge fließen dem Unternehmen nach der Produktion zu, z.B. Umsatzerlöse. Zinserträge, Mieterträge und Provisionen sind sog. neutrale Erträge.

Aufwendungen und Erträge stehen sich in der Erfolgsrechnung der G+V gegenüber. Die Differenz, der Saldo, ist entweder der Gewinn oder der Verlust. Das G+V-Ergebnis wird bei Einzelunternehmen und Personengesellschaften über das Konto oder die Konten »Eigenkapital« gebucht. Bei Kapitalgesellschaften wird über die Verwendung des »Jahresüberschusses« aus der G+V in der Hauptversammlung (HV) bestimmt.

Einnahmen und Ausgaben

Einnahmen und Ausgaben sind ebenfalls Begriffe der Buchhaltung.

- Unter Einnahmen versteht man allgemein die Zunahme des Geldvermögensbestandes, z. B. den Zielverkauf von Erzeugnissen.
- Unter Ausgaben den Abgang des Geldvermögensbestandes, z. B. den Zieleinkauf von Erzeugnissen. Wissenschaftlich gesehen sind die Geldflüsse **Ein- und Auszahlungen**, so z. B. die Zunahme oder Abnahme von Kasse-, Bank- oder Postbankbeständen. Die Zielein- und die Zielverkäufe führen ja erst später zu Zahlungsflüssen.

Kosten und Leistungen

- **Kosten** bezeichnen den Wert von Gütern und Dienstleistungen, die zur Erstellung einer betrieblichen Leistung verbraucht und in Anspruch genommen worden sind. Das sind z. B. Material, Löhne, Dienstleistungen.

  Betriebswirtschaftlich gesehen, gibt es keine Unkosten!
- **Leistungen** sind alle Erhöhungen des Betriebsergebnisses, die im Zusammenhang mit der typischen betrieblichen Tätigkeit einer Abrechnungsperiode stehen, so z. B. verkaufte Produkte, eigene Reparaturen, selbst erstellte Anlagen.

Kalkulatorische Kosten

Nur echte Kosten dürfen in der Finanzbuchhaltung berücksichtigt werden. In der KLR können dagegen auch die sog. kalkulatorischen Kosten eine Rolle spielen. Sie können für die Kostenkalkulation notwendig sein, um richtige Entscheidungen zu treffen bzw. Produkte korrekt zu kalkulieren. Ihnen liegen keine Rechnung von außen und kein Vertrag zugrunde.

- Zu diesen gehören Zusatzkosten, sie verursachen keine realen Ausgaben. Sie sind Kosten, denen kein Aufwand gegenübersteht, also keine reale Verminderung des Nettovermögens. Sie werden in die Kalkulation eingerechnet, z. B. kalkulatorischer Unternehmerlohn, kalkulatorische Miete, kalkulatorische Zinsen, kalkulatorische Wagnisse. So ist z. B. die kalkulatorische Miete eine vergleichbare Miete, die gezahlt werden müsste, wenn kein eigenes Geschäftshaus vorhanden wäre.
- Anderskosten sind Kosten, denen zwar ein Aufwand gegenübersteht, jedoch in einer anderen Höhe. Es gibt nur wenige Anderskosten, z. B. die kalkulatorischen Abschreibungen oder die kalkulatorischen Zinsen: sie gehen in die Kostenrechnung mit anderen Werten ein als in die Buchführung.

Die Aufgaben der KLR

Die Aufgaben der Kosten- und Leistungsrechnung (KLR) sind:

- Ermittlung der Gemeinkostenzuschläge im Betriebsabrechnungsbogen (BAB) für die Kalkulationen und damit für die Verkaufspreise
- Kontrolle der Wirtschaftlichkeit
- Bewertung der unfertigen und fertigen Erzeugnisse
- Grundlage für Planungen und Entscheidungen

- Bewertung der selbsterstellten Anlagen und Reparaturen zu Herstell- bzw. Herstellungskosten

Die Ergebnistabelle

Die Ergebnistabelle ist als Bestandteil der Kostenartenrechnung das Handwerkszeug, mit dem die kaufmännische Abgrenzungsrechnung zur Vorbereitung der Kosten- und Leistungsrechnung durchgeführt wird.

In der Ergebnistabelle werden der Rechnungskreis I und der Rechnungskreis II dargestellt.

- Der Rechnungskreis I stellt die Aufwendungen und Erträge als Unternehmensergebnis oder Ergebnis der Gewinn- und Verlustrechnung gegenüber.
- Die Kosten- und Leistungsrechnung bildet den Rechnungskreis II der Ergebnistabelle. In diesem Rechnungskreis II wird die unternehmensbezogene Abgrenzung vorgenommen, d. h., die neutralen Aufwendungen und neutralen Erträge, die das »Neutrale Ergebnis« bilden, werden von den Aufwendungen und Erträgen des Rechnungskreises I »abgegrenzt«.

Der Rest bildet dann die betrieblichen Aufwendungen (Kosten) und die betrieblichen Erträge (Leistungen). Das Ergebnis daraus ist das »Betriebsergebnis«.

Den Auszug aus einer Ergebnistabelle finden Sie nach den »Kostenrechnerischen Korrekturen«.

Kostenrechnerische Korrekturen

Nicht alle Aufwendungen, die einen betrieblichen Ursprung haben, entsprechen den Anforderungen der KLR. Für die Kalkulation und damit für die errechneten Listenpreise der einzelnen Erzeugnisse sollen, zumindest für einen größeren Zeitraum, die eingerechneten Kosten konstant sein. Kunden reagieren verärgert, wenn sich ständig die Preise ändern. Deshalb werden die »Istkosten«, also die tatsächlich angefallenen Kosten, in der Regel nicht in die Kalkulation einfließen, denn sie sind, durch Angebot und Nachfrage bedingt, in ihrer Höhe schwankend. Die schwankenden Materialpreise werden daher mit konstanten Verrechnungspreisen, die aufgrund von z. B. monatlichen Durchschnitten gebildet werden, in der Kostenrechnung verrechnet. Ebenso verhält es sich mit den bilanziellen Abschreibungen und den gezahlten Zinsen, die nicht mit ihrem tatsächlichen Aufwand, sondern mit den intern errechneten kalkulatorischen Kosten in das Betriebsergebnis und später in die Kalkulation eingerechnet werden. Für die Ergebnistabelle bedeutet dies, dass noch im Rechnungskreis II, genauer im Abgrenzungsbereich, eine Spalte »Kostenrechnerische Korrekturen« eingefügt wird. Diese »Kostenrechnerischen Korrekturen« werden noch weiter unterteilt in »Aufwand laut G+V« und »Verrechnete Kosten«. Die kalkulatorischen Kosten werden damit in zwei Spalten eingetragen: in die »Kostenspalte« und in die »Kostenrechnerischen Korrekturen«. Es handelt sich damit gewissermaßen um eine »Buchung« der kalkulatorischen Kosten und der Verrechnungspreise.

Die Buchungssätze bzw. Eintragungen:

- Kosten **an** verrechnete Kosten = kalkulatorische Kosten
- Kosten **an** verrechnete Kosten = Verrechnungspreise Material

Diese Buchungen haben nur intern eine Auswirkung, nämlich für die Kostenrechnung. Im Gesamt- bzw. GuV-Ergebnis dürfen sich diese kalkulatorischen Kosten und die Verrechnungspreise nicht auswirken, sie wären sonst »doppelt« verrechnet.

Rechnungskreis I				Rechnungskreis II					
Erfolgsbereich				Abgrenzungsbereich				KLR- Bereich	
Gesamtergebnis der Finanzbuchhaltung laut G u V - Konto				Unternehmens-Bezogene Abgrenzungen		Kostenrechnerische Korrekturen		Betriebsergebnis-Rechnung	
Konto Nr.	Konto-Bezeichnung	Aufwand	Ertrag	neutraler Aufwand	neutraler Ertrag	Aufwand laut G u V	Verrechnete Kosten	Kosten	Leistungen
6510	AfA Wertpap. AV	31.200		31.200					
6520	AfA Sachanlagen	92.500				92.500	70.000	70.000	
6700	Mietaufwendungen	4.900						4.900	
6870	Aufwend. Werbung	12.200						12.200	
6960	Verluste Abg Verm	55.600		55.600					
70/77	Gewerbesteuer	22.400						22.400	
	Unternehmerlohn						8.000	8.000	
Summen		2.052.900	2.163.400	86.800	19.400	92.500	78.000	1.951.600	2.144.000
Salden		110.500			67.400		14.500	192.400	
		2.163.400	2.163.400	86.800	86.800	92.500	92.500	2.144.000	2.144.000
		Unternehmensergebnis		=	neutrales Ergebnis +			Betriebsergebnis	
		110.500		=	- 81.900			192.400	

Die verkürzte Ergebnistabelle

> Betriebsergebnis +/- kostenrechnerische Korrekturen +/- unternehmensbezogene Abgrenzungen = Gesamtergebnis laut G+V

Die Kostenartenrechnung

Die Kostenartenrechnung bildet die erste Stufe der Kostenrechnung. Voraussetzung für sie ist die vollständige Erfassung der in einem Abrechnungszeitraum, z. B. einem Monat, angefallenen Kosten. Die Buchhaltung bucht die Kosten nach den Kostenarten des betrieblichen Kontenplanes. Die Kosten- und Leistungsrechnung übernimmt das Zahlenmaterial von der Geschäftsbuchhaltung. Um eine genaue Kostenverteilung nach dem Verursachungsprinzip vornehmen zu können, ist vorher eine genaue Erfassung der Kosten nach Kostenstellen (Arbeitsplätzen) erforderlich. Dazu ist es notwendig, bei der Kontierung der Belege nicht nur die Kontennummern aus dem betrieblichen Kontenplan zu übernehmen, sondern auch die kostenverursachende Kostenstelle mitaufzuschreiben. Ebenfalls sollte die Kostenart aussagekräftig sein, so ist z. B. eine Kostenart »verschiedene Kosten« zu vermeiden. In der Praxis zeigt sich immer wieder, dass Buchhalter und Kostenrechner nicht die gleiche Betrachtungsweise der Kosten an den Tag legen. So sind Buchhalter froh, wenn sie à jour sind, d. h., wenn sie ihre Belege gebucht haben. Oft fehlen jedoch die Kostenstellennummern in den Buchungslisten für die Kostenrechnung. Wie man dies in der Praxis verhindern kann, zeigt das folgende Beispiel.

BEISPIEL:

Die Buchhaltung bekommt die Anweisung, die Kostenbelege auf ein Sammelkonto zu buchen. Die Abteilung Kostenrechnung bekommt die Kopien der Belege, die sie dann selber mit der Kostenart und der Kostenstelle kontiert. Am Monatsende erhält die Buchhaltung von der Kostenrechnung eine Aufstellung nach Kostenarten, um das Sammelkonto aufzulösen, d.h. umzubuchen. Um eine schnellere Kontierung zu ermöglichen und nicht nachfragen zu müssen, wer diese Kosten verursacht hat, werden in den Bestellnummernschlüsseln des Einkaufs neben der Auftragsnummer, dem Bestelldatum und der Kennziffer des Einkäufers die ausführende, d.h. die bestellende Kostenstelle miteingearbeitet. Die Lieferanten werden angewiesen, mit der Rechnungserstellung die Bestellpositionen nach den Bestellnummern zu gruppieren.

Die Einteilung der Kosten

Abhängig von der Zurechenbarkeit von Kosten zu einer Kostenstelle oder einem Kostenträger werden folgende Kosten unterschieden:

- Einzelkosten: Sie lassen sich direkt dem Kostenträger (Produkt oder Auftrag) zuordnen (direkte Kosten), so z.B. Kosten für Fertigungsmaterial, Fertigungslöhne, Sondereinzelkosten der Fertigung, z.B. Modelle; Sondereinzelkosten des Vertriebs, z.B. Spezialverpackung.
- Gemeinkosten: Das sind alle anderen Kosten, die einem Kostenträger nicht direkt zugeordnet werden können, so z.B. Hilfslöhne, Hilfsstoffe, Miete, Abschreibungen, Büromaterial. Sie werden nach der Verteilung im BAB in Gemeinkostenzuschläge prozentual errechnet und auf die Kostenträger aufgeschlagen.

Eine weitere Unterteilung der Kosten wird nach der Abhängigkeit von der Beschäftigung bzw. nach der Abhängigkeit von der Produktionsmenge vorgenommen:

- Variable Kosten: Das sind Kosten für Fertigungsmaterial und Fertigungslöhne, eben die Kosten, die sich direkt dem Kostenträger zurechnen lassen.
- Fixe Kosten: Sie fallen unabhängig davon an, ob und wie viel produziert bzw. gearbeitet wird. Fixkosten sind z. B. Miete, Abschreibungen, Wartungskosten.

Oft sind Kosten semi-variabel, d. h., sie haben sowohl fixe als auch variable Kostenanteile. Semivariabel können z. B. Telefonkosten sein: sie bestehen aus der Grundgebühr (fixe Kosten) und den Gesprächseinheiten (variable Kosten).

Kostenstellenrechnung mit dem BAB

Eine Kostenstelle ist die Stelle, in der die Kosten entstehen. Kostenstellen können in Betrieben entweder nach räumlichen Gesichtspunkten, so z. B. Werkhallen, oder funktional eingeteilt sein, so z. B. Werkstatt, Schlosserei, Schreinerei. aufgeteilt sein. Die Kostenstellenaufteilung kann auch sehr detailliert erfolgen, bis hin zur Aufgliederung der Arbeitsplätze und Maschinen (Platzkostenrechnung). Es ist jedoch immer erforderlich, dass die Kostenstelle ein selbstständiger Verantwortungsbereich ist, um eine wirksame Kostenkontrolle zu gewährleisten. Die Kostenstellen eines Betriebes werden in einem Kostenstellenplan und die Kostenarten in einem Kostenartenplan aufgeführt. Anhand der beiden Pläne lassen sich die Kostenbelege nach zu »verursachender Kostenstelle und Kostenart« kontieren.

Außerdem müssen Kostenstellen und Kostenarten klar bezeichnet werden. »Allgemeiner Betrieb« oder »Diverse Kosten« lassen später keine genaue Kontrolle zu. Die Verteilung der Gemeinkosten wird in einer Tabelle oder Matrix, dem Betriebsabrechnungsbogen (BAB), verursachungsgemäß vorgenommen – als Grundlage für die späteren Kalkulationen. In dem BAB finden sich vertikal die Gemeinkostenarten und horizontal die Kostenstellen. Grundlagen für die Verteilung der Gemeinkosten können sein: Rechnungen, Beschäftigungszahl, KWh-Verbrauch, Wasserverbrauch (m^3), Reisekostenbelege, Materialscheine, Lohnscheine, Gehaltsbelege und Schlüsselzahlen für die kalkulatorischen Kosten.

Betriebsabrechnungsbogen						
Kostenarten	**Zahlen**		**Kostenstellen**			
Gemeinkosten	**der**	**Verteilungs-**	**Material**	**Fertigung**	**Verwaltung**	**Vertrieb**
	KLR	**schlüssel**	**I**	**II**	**III**	**IV**
Hilfsstoffaufwand	25.000	M-Entn.Sch.	3.000	20.000	-	2.000
Gehälter	115.000	Gehaltsliste	5.000	15.000	85.000	10.000
Sozial Abgaben	52.000	Gehaltsliste	2.000	25.000	22.000	3.000
Kalkulat. Abschreibung	75.000	Anlagendatei	5.000	55.000	10.000	5.000
Miete / Pacht	20.000	Vertrag	2.000	12.000	4.000	2.000
Telefon / Kommunik.	22.000	Rechnung	1.000	5.000	12.000	4.000
Versicherungen	3.000	Rechnung	500	1.200	1.200	100
Energiekosten	25.000	Rechnung	2.000	12.000	8.000	3.000
Kalk. Wagnis	15.000	intern. Beleg	3.000	6.000	1.500	4.500
Kalk. Zinsen	20.000	intern. Beleg	2.000	15.000	2.000	1.000
Kalk. Untern.-Lohn	12.000	intern. Beleg	2.000	4.000	4.000	2.000
Summe der Gem.K.:	**384.000**	aufgeteilt:	**27.500**	**170.200**	**149.700**	**36.600**
			MGK	**FGK**	**VwGK**	**VtGK**
		Zuschlags-grundlage:	125.000 F.-Material	210.000 F.-Löhne	535.700 Herstellk.	535.700 Herstellk.
		Zuschlags-sätze:	% **22,00**	% **81,05**	% **27,94**	% **6,83**

Einfacher Betriebsabrechnungsbogen

Der einfache BAB eignet sich insbesondere für kleine und mittlere Unternehmen. In dem hier dargestellten einfachen BAB sind Material, Fertigung, Verwaltung und Vertrieb Bezeichnungen für die Kostenstellenbereiche als Hauptkostenstellen. So gehören z. B. die Kostenstellen betrieblicher Einkauf, Materialannahme, Materialprüfung, Roh-, Hilfs- und Betriebsstofflager, Lagerbuchhaltung usw. zum »Materialbereich«. Dem Fertigungsbereich sind alle Fertigungshauptstellen, z. B. Werkstatt, Fräserei, Schweißerei, aber auch das Lohnbüro, zuzuordnen. Dem Verwaltungsbereich werden die Verwaltungsstellen, z. B. Allgemeine Verwaltung, Finanzbuchhaltung, Kasse, Kostenrechnung, Registratur, zugeordnet. Die anteiligen Kosten der Abteilung »Einkauf« für den verwaltungsbezogenen Einkauf gehören zum Bereich »Verwaltung«. Somit sind die Kosten der Abteilung »Einkauf« gesplittet in die Bereiche Fertigung und Verwaltung. Dem Vertriebsbereich gehören die Verkaufsabteilungen an, die oft nach Produktzweigen unterteilt sind, der Versand und die Fakturierung, also die Erstellung von Rechnungen an die Kunden, die sog. Ausgangsrechnungen. Der BAB wird pro Kostenstelle ausgedruckt oder per E-Mail an die Kostenstellenleiter zur Kontrolle weitergegeben.

Der erweiterte Betriebsabrechnungsbogen (BAB)

In Betrieben mit umfangreichen Fertigungsprozessen wird man mit einer Fertigungshauptstelle, wie im einfachen BAB oben dargestellt, nicht auskommen. So werden z. B. in einer metallverarbeitenden Industrie im Fertigungsbereich eine Fräserei, Werkstatt, Schweißerei oder Gießerei und Montage vorhanden sein. Somit ist es erforderlich, für jede Hauptstelle des oben angenommenen Fertigungsbereiches jeweils einen Gemeinkostensatz in Prozenten zu ermitteln, der dann in Vor- und Nachkalkulationen verwendet wird. Die Bezugsgröße zur Errechnung der Prozente ist hier dann der jeweilige Fertigungslohn der Kostenstelle.

Der mehrstufige BAB

Der erweiterte BAB lässt sich noch weiter in einen mehrstufigen BAB untergliedern. Es genügt in größeren Betrieben nicht, nur die Fertigungshauptstellen aufzugliedern, sondern es ist zusätzlich erforderlich, die Fertigungshilfsstellen, z. B. technische Betriebsleitung, Arbeitsvorbereitung (AV), Konstruktionsbüro, Modellwerkstatt, Reparaturwerkstatt, als Kostenstellen in den BAB zu integrieren. Ebenfalls sind dann Allgemeine Kostenstellen, wie z. B. Grundstücks- und Gebäudeverwaltung, allgemeine Stromzentrale, Gas, Wasser, Werkschutz, Pförtner, Fuhrpark, Betriebsrat, Sozialeinrichtungen, als Kostenstellen in den BAB aufzunehmen, da ihre Kosten mehr oder weniger alle nachgelagerten Kostenstellen »bedienen«. Die Kosten der vorgelagerten Kostenstellen werden gemäß dem Kostenverursachungsprinzip auf die entsprechenden nachgelagerten Kostenstellen in Stufen verteilt. Deshalb spricht man auch von einem mehrstufigen BAB. Einen mehrstufigen BAB finden Sie unter http://mybook.haufe.de (Buchcode: TGA-HL12).

Die Errechnung der Gemeinkostenzuschläge

Der BAB hat die Funktion der Kostenverteilung, er ist die Grundlage für die Kostenkontrolle, und mit ihm lassen sich die Kostenzuschlagssätze für die späteren Kalkulationen errechnen.

Für die vier Kostenstellenbereiche werden vier Zuschlagssätze ermittelt. Für die Gemeinkosten des Materialbereichs ist das Fertigungsmaterial (Einzelkosten) die Berechnungsgrundlage, also 100 %. Ebenso ist es im Fertigungsbereich: Hier bilden die Fertigungslöhne (Einzelkosten) die Berechnungsgrundlage von 100 %. Bei dem Verwaltungs- und Vetriebsbereich gibt es keine echte Bezugsgröße. Sie wird in einer Gesamtkalkulation zu »Herstellkosten des Umsatzes« errechnet. Um diese zu errechnen, müssen zu den Herstellkosten der Produktion noch die Bestandsveränderungen (Salden) der unfertigen und fertigen Erzeugnisse gerechnet werden (vgl. näher hierzu z. B. Deitermann/Schmolke, Industrielles Rechnungswesen – IKR).

Die Kostenträger(stück)rechnung

Mit Hilfe der Kostenträgerrechnung (Stückkalkulation) lässt sich der Verkaufspreis für einzelne Erzeugnisse bzw. Serien oder Aufträge mit der Zuschlagskalkulation der Industrie ermitteln. Dabei werden die Gemeinkostenprozentsätze für Material und Fertigung, die im BAB errechnet wurden, den Einzelkosten »Fertigungsmaterial«, »Fertigungslöhne« zugeschlagen. Berechnungsgrundlage für die Zuschlagssätze für die Verwaltung und den Vertrieb sind die Herstellkosten. Ein Beispiel aus der Industriekalkulation: Ein Möbelstück soll kalkuliert werden. Dazu gibt es folgende Angaben:

Fertigungsmaterial	300,00 EUR
Fertigungslöhne	500,00 EUR
Gewinn	25 %
Kundenskonto im H.*)	3 %
Vertreterprovision im H.	5 %
Kundenrabatt im H.	10 %

* im H. = im Hundert

Die Gemeinkostenzuschläge können Sie dem oben aufgeführten BAB entnehmen.

> Sollten Sie die Prozentsätze zu »Kundenskonto und Vertreterprovision« einzeln einrechnen wollen, so müssen Sie bei beiden Rechnungen mit diesen vorgegebenen Prozentsätzen durch 92 teilen, da der Basiswert »Barverkaufspreis« für beide Rechnungen gleich ist. Hier werden oft Fehler in Prüfungen gemacht.

Die Industrie- oder Zuschlagskalkulation:

Fertigungsmaterial + MGK lt. BAB 22,00 %	300,00 66,00	
= **a) Materialkosten**		366,00
Fertigungslöhne FGK lt. BAB 81,50 % + SEK der Fertigung 0,0 %	500,00 407,50 -	
= **b) Fertigungskosten**		907,50
a) + b) Herstellkosten		1.273,50
+ VwGK lt. BAB 27,94 % + VtGK lt. BAB 6,83 %		= 355,82 86,98
= **Selbstkosten**		1.716,30

+ Gewinn 25 %		429,08
= **Barverkaufspreis**		2.145,38
+ Kundenskonto 3 %	8 %	
+ Vertreterprovision 5 %	i. H.	186,55
= **Zielverkaufspreis**		2.331,93
+ Kundenrabatt 10 %	i. H.	259,10
= **Listenverkaufspreis, netto**		2.591,03
i. H. = im Hundertrechnung		

Der Listenverkaufspreis für das Möbelstück beträgt demnach netto 2.591,03 EUR.

Kostenrechnungssysteme

Je nach Art und Dauer der Geschäftstätigkeit sowie der Größe eines Unternehmens wird ein unterschiedliches Kostenrechnungssystem zur Durchführung der Kosten- und Leistungsrechnung angewandt. Eines dieser Systeme ist die Istkostenrechnung. Sie bietet sich dann an, wenn noch keine Erfahrungswerte vorliegen, d. h. bei Neugründungen von Unternehmen.

Die Istkostenrechnung

Istkosten sind die tatsächlich verursachten Kosten innerhalb einer Abrechnungsperiode. Sie werden nach der Leistungserstellung erfasst. Die Istkostenrechnung liefert also Informationen darüber, in welcher Höhe tatsächlich Kosten entstanden sind. In den Kalkulationen werden hierzu alle angefallenen Kosten einer Abrechnungsperiode verrechnet. Die Hauptaufgabe der

Istkostenrechnung ist die Nachkalkulation der hergestellten Erzeugnisse (Kostenträger) sowie die Ermittlung des durch die Leistungserstellung erwirtschafteten Periodenergebnisses (vgl. hierzu auch die Kalkulation zum Möbelstück im Abschnitt »Die Kostenträger(stück)rechnung«).

Die Istkosten werden in der Kostenträgerrechnung voll verrechnet. Dadurch ergeben sich in jedem Abrechnungszeitraum dauernd andere Preise. Verursacht wird dies durch periodische Schwankungen in den Istkostensätzen, hervorgerufen z.B. durch stoßweise anfallende Kosten wie Steuern, Urlaubslöhne, Weihnachtsgeld und Änderungen in den Materialpreisen. Als Instrument der Preispolitik kann die Istkostenrechnung also nicht dienen.

Die Kosteneinflussgrößen sind nach Gutenberg:

- Faktorqualitäten
- Beschäftigung
- Faktorpreise
- Betriebsgröße
- Fertigungsprogramme

Eine Kostenkontrolle ist mit der Istkostenrechnung nicht möglich, da Vergleichsgrößen fehlen und ihre Korrektur nur im Nachhinein erfolgen könnte und damit ins Leere laufen kann.

Die Normalkostenrechnung

Mit der Normalkostenrechnung versucht man, die Nachteile der Istkostenrechnung, die rückwärts gerichtete Betrachtung und die Zufallsschwankungen der Werte, zu vermindern. Bei dieser Methode werden Durchschnittswerte aus den Istkosten vergangener Abrechnungsperioden, sog. statistische Mittelwerte, oder aus aktualisierten Mittelwerten gebildet, bei denen die statistischen Mittelwerte an aktuelle Informationen angeglichen wurden. Die Normalkostenrechnung vollzieht sich in folgenden Schritten:

- Zur Erleichterung der Kalkulation und der innerbetrieblichen Leistungsverrechnung werden die Gemeinkosten mit Normalkostenzuschlägen in den Kalkulationen verrechnet, die mit der monatlichen oder vierteljährlichen Kostenabrechnung (BAB) verglichen und gegebenenfalls durch neue Kostensätze ersetzt werden.
- Im BAB werden die Ist-Gemeinkosten aus der Buchhaltung auf die Kostenstellen verteilt.
- Die Istkosten werden je nach Kostenstellenbereich mit den in der Kalkulation verrechneten Normalkosten verglichen.
- Daraus entsteht je eine Über- bzw. Unterdeckung.

Eine Überdeckung der Kosten liegt vor, wenn die angewandten **Normalkostensätze** in den Kalkulationen **höher** liegen als die Istkostensätze des Kostenstellenbereiches. Eine Unterdeckung der Kosten liegt vor, wenn die angewandten Normalkostensätze in den Kalkulationen **niedriger** liegen als die Istkostensätze des Kostenstellenbereiches.

Normalkosten - Istkosten = Über- bzw. Unterdeckung

Die so durchgeführte Normalkostenrechnung ist eine starre Normalkostenrechnung, d. h., Beschäftigungsschwankungen lassen sich nicht erkennen. Ferner ist keine Kostenanalyse durchführbar, da die Normalkosten nicht pro Kostenstelle (Abteilung oder Arbeitsplatz) und nicht pro Kostenart verrechnet werden, sondern nur als »Block«. Somit kann kein Verantwortlicher einer Kostenstelle wegen einer Kostenüberschreitung herangezogen werden, da ein Soll-Ist-Vergleich je Kostenstelle fehlt und die vorgegeben Kosten nicht geplant sind.

Vergleich der Ist- und Normalgemeinkosten

Mit der Gegenüberstellung von Ist- und Normalgemeinkosten lassen sich die Über- bzw. Unterdeckungen der Kosten ermitteln. Im BAB werden die Ist-Gemeinkosten aufgestellt und die Ist-Zuschlagssätze errechnet. Um im Rahmen der Normalkostenrechnung einen Vergleich zu haben und um prüfen zu können, ob die verrechneten Zuschlagssätze noch aktuell sind, wird unterhalb des BABs die Über- bzw. Unterdeckung dargestellt. Der einfache BAB aus dem Abschnitt »Kostenstellenrechnung mit dem BAB« wird damit wie folgt erweitert:

Normalkostenrechnung Betriebsabrechnungsbogen	**Kostenstellen**			
	Material	Fertigung	Verwaltung	Vertrieb
	I	II	III	IV
	MGK	FGK	VwGK	VtGK
1. Ist-Gemeinkosten:	**27.500**	**170.200**	**149.700**	**36.500**
Zuschlagsgrundlagen:	Material	Löhne	Herstellkosten	Herstellkosten
	125.000	210.000	535.700	535.700
Ist-Zuschlagssätze:	22,00 %	81,05 %	27,94 %	6,83 %
Normalzuschlagsgrundlagen	125.000	210.000	542.100	542.100
Normalzuschlagssätze:	23,00 %	83,50 %	28,50 %	7,20 %
2. Normalgemeinkosten:	**28.750**	**175.350**	**154.499**	**38.570**
Kostenüberdeckung:	**1.250**	**5.150**	**4.799**	**2.070**
Kostenunterdeckung:	-	-	-	-

Normalkostenrechnung

Die in den Kalkulationen verrechneten Normalkostenzuschläge werden auf die Zuschlagsgrundlagen in den Kostenstellenbereichen bezogen. Auf eine Ausrechnung der Herstellkosten des Umsatzes für die Normalkosten wird hier verzichtet. Zusätzlich zu den Herstellkosten der Produktion sind noch die Bestandsveränderungen der unfertigen und fertigen Erzeugnisse zu berücksichtigen, um auf die Herstellkosten des Umsatzes zu kommen. Die somit errechneten Ergebnisse sind jeweils die Normalgemeinkosten. Die Differenz zwischen den Normalgemeinkosten und den Ist-Gemeinkosten ergibt die Kostenüber- oder Unterdeckung. In den Kostenstellenbereichen Material, Fertigung, Verwaltung und Vertrieb wird in der Tabelle oben jeweils eine Kostenüberdeckung ausgewiesen. In diesem Beispiel sind es für die vier Kostenstellenbereiche insgesamt 13.630 EUR an Überdeckungen. Das bedeutet, dass in den Kalkulationen und damit in den Preisen zu viel verrechnet wurde. Somit könnten die Zuschlagssätze für die später folgenden Kalkulationen herabgesetzt werden.

Die flexible Plankostenrechnung

Zu Beginn der 1960er Jahre kam die flexible Plankostenrechnung aus Amerika nach Deutschland. Der Unternehmensberater H. G. Plaut hat diese zunächst als Grenzplankostenrechnung in vielen Unternehmen eingeführt. Wissenschaftlich wurde das Verfahren von den Professoren Wolfgang Kilger und Lothar Haberstock erweitert. In der Plankostenrechnung werden die Gesamtkosten eines Unternehmens für eine bestimmte Planungsperiode im Voraus nach Kostenarten, Kostenstellen und Kostenträgern detailliert geplant. Plankosten sind das Produkt aus geplanten Faktormengen und geplanten Faktorpreisen. Bei der Planung werden damit keine Vergangenheitswerte, sondern prognostizierte, in die Zukunft gerichtete Werte pro Kostenstelle und Kostenart vorgegeben. Man spricht hier auch von einem Kostenbudget. Der Planungszeitraum beträgt ein Jahr. Bei der flexiblen Plankostenrechnung bzw. der Teilkostenrechnung werden die Gesamtkosten je Kostenstelle in variable und fixe Kosten je Zeiteinheit aufgeteilt. Die Kosten werden je Kostenart, bezogen auf die monatliche Beschäftigung, für die Zukunft vorgeplant. So können die Gesamtkosten oder Vollkosten sowie getrennt die variablen und fixen Kosten für die jeweilige Kostenstelle insgesamt ermittelt werden. Teilt man die Gesamtkosten durch die geplante Bezugsgröße, z. B. Vorgabestunden, so ergibt sich daraus ein Stundensatz für die jeweilige Kostenstelle.

- **Ermittlung der Planbezugsgröße:** Als Planbezugsgröße pro Kostenstelle bieten sich die Vorgabestunden oder die vorgegebene Erzeugniseinheit (Stück, Tonne, Kilowattstunde usw.)

an. Die Vorgabestunde wird wegen der besseren Verrechenbarkeit statt mit 60<~mit 100 Minuten angegeben. Auf die Planbezugsgröße werden alle Kosten der Kostenstelle vorgeplant.

BEISPIEL:

In der Kostenstelle »Werkstatt«, Kostenstellennummer 310, arbeiten 12 Arbeiter. Der Zeit- oder Leistungsgrad*) beträgt in dieser Kostenstelle 130 %. Es wird pro Woche 35 Stunden gearbeitet. In die Planbezugsgröße pro Monat sollen außerdem 18 Stunden Urlaub, 8 Stunden Feiertag und 4,5 Stunden Krankheit eingerechnet werden. Die variablen Kosten betragen insgesamt 57.611 EUR und die Fixkosten 6.714 EUR.

*) beobachtete Leistung × 100 / Normalleistung

Die Planbezugsgröße errechnet sich wie folgt:

35 Wochenstunden × 52 Wochen = 1.820 Stunden pro Jahr. 1.820 Stunden/12 Monate = 151 Stunden pro Monat Arbeitszeit

Wenn 30 Tage Urlaub pro Jahr gerechnet werden, so bedeutet dies bei 5 Arbeitstagen pro Woche 6 Wochen Urlaub.

Somit sind:

(6 Wochen × 35 Stunden pro Woche)/12 Monate = 17,5 Stunden pro Monat an Urlaub.

Außerdem werden 8 Stunden für die Feiertage und erfahrungsgemäß 4,5 Stunden für Krankheit mit eingerechnet. Damit beträgt die Planbezugsgröße für diese Kostenstelle 121 Stunden pro Monat.

151 Std. - 17,5 Std. Urlaub - 8 Std. Feiertage - 4,5 Std. = 121 Stunden.

Die 121 Stunden werden mit dem Zeitgrad, hier angenommen mit 130 %, und mit der Anzahl der Mitarbeiter der Kostenstelle »Werkstatt« multipliziert, um die Planbezugsgröße dieser Kostenstelle zu erhalten:

(121 × 130 × 12) ÷ 100 = 1.887,6 ~ 1.885 Std.

In der Kostenstelle »Werkstatt« werden damit 1.885 Vorgabestunden pro Monat als Bezugsgröße vorgeplant.

- **Der Beschäftigungsgrad:** Der Beschäftigungsgrad gibt das prozentuale Verhältnis der tatsächlichen Beschäftigung zur Normalbeschäftigung wieder. Die Normalbeschäftigung beträgt 100 %. Die Bezugsgröße der Werkstatt beträgt 1.885 Vorgabestunden pro Monat. Die tatsächliche Beschäftigung (durch geringere Auftragsgrößen) beträgt angenommen 1.508 Stunden.

  Damit ergibt sich folgender Beschäftigungsgrad:

  (1.508 × 100) ÷ 1.885 Vorgabestunden = 80 %

  Der Beschäftigungsgrad dient zur Ermittlung der Sollkosten.

  (Geplante variable Kosten × Beschäftigungsgrad) + Fixkosten = Sollkosten pro Kostenart

  Sollkosten – Istkosten = Verbrauchsabweichung

  Die Verbrauchsabweichung je Kostenart dient der Kostenkontrolle.

- **Die Aufgliederung der Kosten:** Die Gemeinkosten sind meistens semivariabel, d. h., sie enthalten fixe und variable Anteile, die aufzuteilen sind. Bei einigen Kostenarten lässt sich diese Kostenaufspaltung einfach durchführen, so z. B. bei den Telefonkosten in Grundgebühren, die fixe Kosten sind, und Telefoneinheiten, die variable Kosten sind. Bei anderen Kostenarten kommt entweder die **mathematische Methode** der Kostenauflösung oder die Variatormethode zum Einsatz.

  Mathematisch-statistisches Verfahren: In der Literatur wird dieses Kostenauflösungsverfahren, das von Schmalenbach entwickelt wurde, auch als »Differenzen-Quotienten-Verfahren« unter Anwendung der Differenzialrechnung bezeichnet.

  Variatormethode: In der Praxis wird die Aufteilung der Gemeinkosten in fixe und variable Bestandteile meistens in Zusammenarbeit mit der Arbeitsvorbereitung (AV) und einer professionellen Unternehmensberatung durchgeführt. Vereinfacht wird die Kostenaufteilung nach der Variatormethode von Wolfgang Kilger vorgenommen. Ein Variator ist eine Kennziffer, die angibt, wie viel Prozent der Plan-Gemeinkosten sich proportional zur Bezugsgröße verhalten. Bei einem Variator von 7 bedeutet dies, dass die Kostenart zu 70 % variabel und zu 30 % fix ist.

- **Ermittlung der Sollkosten:** Die Sollkosten werden normalerweise innerhalb der Kostenstelle für jede Kostenart ermittelt. Der Einfachheit halber werden sie hier insgesamt errechnet. Im oben genannten Beispiel der Werkstatt wurden 57.611 EUR variable Kosten und 6.714 EUR Fixkosten bei 1.885 Vorgabe-Stunden geplant. Die Istbeschäftigung in der Werkstatt wurde mit 1.508 Stunden angenommen. Der Beschäftigungsgrad liegt demnach bei 80 %.

(variable Plankosten × Beschäftigungsgrad) + Fixkosten = Sollkosten

(57.611 × 80) ÷ 100 + 6.714 = 52.803 EUR gerundete Sollkosten

- **Ermittlung der Verbrauchsabweichung:** Die Verbrauchsabweichung im BAB wird je Kostenstelle und je Kostenart dargestellt.

  Im Beispiel oben betragen die Istkosten in dem Abrechnungszeitraum 55.421,00 EUR. Wie hoch ist die Verbrauchsabweichung? Hier eine Gesamtabrechnung der Kostenstelle:

  Sollkosten – Istkosten = Verbrauchsabweichung (VA)

  52.803,00 – 55.421,00 EUR = – 2.618,00 EUR VA

  Damit der Kostenstellenleiter für die Verbrauchsabweichung verantwortlich gemacht werden kann, ist es erforderlich, den BAB je Kostenstelle und mit der einzelnen Abweichung je Kostenart auszudrucken oder die Weitergabe als Datei zu veranlassen. Dazu werden die Abweichungen als Text-Anlage mit den Kostenarten im »Istkostennachweis« getrennt aufgeschlüsselt, damit außer den Zahlen auch lesbar ist, was hier mehr verbraucht wurde.

- **Ermittlung der Beschäftigungsabweichung:** Die Fixkosten der Abteilung Werkstatt wurden für eine hundertprozentige Beschäftigung geplant. Erreicht wurde in unserem Beispiel eine Beschäftigung von 80 %. Demnach beträgt die Beschäftigungsabweichung oder Fixkostenabweichung 20 % oder

(6.714,00 EUR Fixkosten × 20) ÷ 100 ≈ 1.343,00 EUR

= Beschäftigungs- oder Fixkostenabweichung

Das Ergebnis wird immer auf einen glatten Eurobetrag gerundet, da in der Kostenrechnung nicht mit Centbeträgen gearbeitet wird.

> Neben den hier dargestellten Abweichungen gibt es noch andere, z. B. die **Tarifabweichung** bei Lohn- und Gehaltsänderungen während des Planungszeitraumes. Die gesamten Verbrauchsabweichungen werden jeweils in der nächsten Abrechnungsperiode in Prozenten zusätzlich zum Vollkostensatz verrechnet.

Die flexible Plankostenrechnung im Überblick

1. Die Kostenplanung erfolgt in Vollkosten und aufgeteilt in variable und fixe Kosten.
2. Es wird je Kostenstelle eine Bezugsgröße, z. B. Fertigungsstunden (Vorgabestunden), festgelegt.
3. Für die Verrechnung der Kosten werden Kostensätze je Stunde und Minute pro Kostenstelle und unterteilt nach Vollkosten und variablen Kosten ermittelt.

Die Vorteile der flexiblen Plankostenrechnung

- Die Kostenkontrolle ist durch die Ermittlung der Abweichungen je Kostenstelle und Kostenart möglich. Damit die Wirtschaftlichkeit an jedem Arbeitsplatz (Kostenstelle) geprüft werden.
- Eine genaue Nachkalkulation ist möglich.

Die Nachteile der flexiblen Plankostenrechnung

- Die Kostenplanung ist sehr aufwendig.
- Sie lässt sich oft nur unter Zuhilfenahme von Unternehmensberatern durchführen, die nicht »betriebsblind« und nicht weisungsgebunden sind.
- Sie kann sehr teuer werden.
- Die Planungsüberholungen müssen jedes Jahr stattfinden.
- In der Kostenträgerrechnung werden Kostensätze auf Vollkostenbasis verrechnet. Sie basiert im Wesentlichen auf den geplanten Vorgabestunden. Die Teilkostenrechnung kann in ihrem ganzen Ausmaß aus diesen Gründen nur in Großbetrieben durchgeführt werden.

Moderne Kostenrechnungsverfahren

Da immer mehr Maschinen von Computern gesteuert werden (Roboter), sind Vorgabestunden keine echte Bezugsgröße mehr, deshalb wurde in der Praxis nach anderen Kosten- und Leistungsrechnungen gesucht. So entstanden folgende Verfahren.

- Die Prozesskostenrechnung: Hier werden nicht die Kosten, sondern die Leistungen als Bezugsgrößen herangezogen.
- Das Ziel- oder das Target-Costing-Verfahren: Dabei ist die zentrale Fragestellung, was ein Produkt kosten darf.
- Um bei Preisverhandlungen die Preisuntergrenze ermitteln zu können, ist die Deckungsbeitragsrechnung sinnvoll.

Die Deckungsbeitragsrechnung

Unternehmensleitungen sind darauf angewiesen zu wissen, wie viel Stück eines Produktes sie verkaufen müssen,

- um eine Kostendeckung zu erreichen bzw.
- um einen Gewinn zu erzielen.

In der BWL heißt der Punkt, bei dem Erlös und Kosten sich decken, Break-even-Point oder Gewinnschwelle.

Der Break-even-Point mit der Tabelle

BEISPIEL:

Die Fixkosten eines Unternehmens zur Herstellung eines Produkts belaufen sich auf 30.000 EUR. Die variablen Kosten betragen 20 EUR pro Stück. Der Verkaufspreis pro Produkt beträgt 70 EUR. Bei welcher Menge ist der Gewinn Null, d. h., der Break-even-Point erreicht?

Verkaufsmenge	Fixe Gesamtkosten in EUR	Variable Gesamtkosten in EUR	Gesamtkosten, Vollkosten in EUR	Gesamterlös in EUR	Gewinne bzw. Verluste in EUR
0	30.000	0	30.000	0	- 30.000
100	30.000	2.000	32.000	7.000	- 25.000
200	30.000	4.000	34.000	14.000	- 20.000
300	30.000	6.000	36.000	21.000	- 15.000
400	30.000	8.000	38.000	28.000	- 10.000
500	30.000	10.000	40.000	35.000	- 5.000
600	30.000	12.000	42.000	42.000	+/- 0
700	30.000	14.000	44.000	49.000	5.000
800	30.000	16.000	46.000	56.000	10.000
900	30.000	18.000	48.000	63.000	15.000
1000	30.000	20.000	50.000	70.000	20.000

Break-even-Point mit der Tabelle

Die Tabelle zeigt: Bei 600 verkauften Stück sind alle Kosten gedeckt, der Gewinn ist Null. Ab 601 Stück beginnt die Gewinnzone. Auf die gleiche Stückzahl kommt man auch mit der grafischen Darstellung:

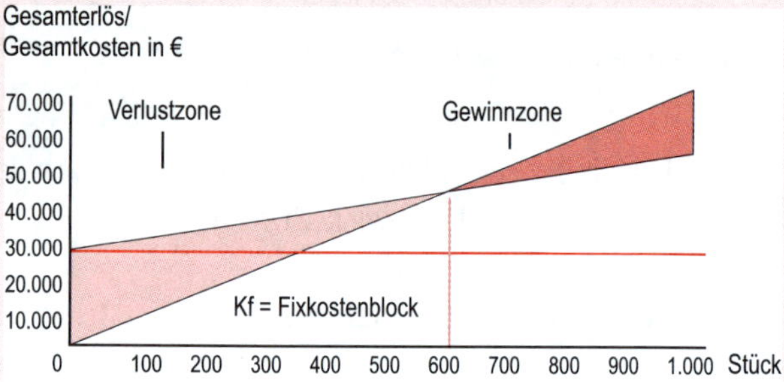

Der „break-even-point" (Gewinnschwelle) liegt bei 600 Stück. Der Gewinn ist Null.

Break-even-Point – grafische Darstellung

Die Berechnung des Break-even-Points nach der mathematischen Methode

$$\frac{\text{Fixkosten}}{\text{db}} = \text{Gewinnschwelle} = \text{Break-even-Point}$$

Der Stückdeckungsbeitrag (db) wird ermittelt:
Preis der Ware – variable Kosten = db
70,00 EUR – 20,00 EUR = 50,00 EUR db

Da die Fixkosten ebenfalls verdient werden müssen, ist die Frage: Wie viel Stück müssen verkauft werden, damit diese ebenfalls gedeckt sind? Die gesamten Fixkosten von 30.000 EUR werden dazu durch den Stückdeckungsbeitrag von 50 EUR geteilt.

Fixkosten : Stückdeckungsbeitrag = Gewinnschwelle

30.000 : 50 = 600 Stück

Die mathematische Lösung ist die schnellste Methode, um die Gewinnschwelle zu ermitteln.

Der relative Deckungsbeitrag

Wenn in Abteilungen Produktionsengpässe existieren, sie also ausgelastet sind, stellt sich die Frage, welche Aufträge den Vorrang haben. Die Entscheidung hierüber kann auf zweierlei Weise getroffen werden:

- Man geht nach der Dringlichkeit der Aufträge: Dann werden die eiligsten Aufträge zuerst bearbeitet.
- Die Entscheidung wird mit Hilfe sog. relativer Deckungsbeiträge getroffen.

Der relative Deckungsbeitrag ist der auf eine Stunde umgerechnete Deckungsbeitrag.

BEISPIEL:

In einem Betrieb werden drei Produktionsgruppen gefertigt. Der Engpass ist in der »Werkstatt«.

Produktgruppe	Erlös je Stück EUR	variable Kosten je Stück EUR	Deckungs-Beitrag je St. EUR	Dreharbeit je Stück Minuten	gedrehte Einheiten je Std.	relativer Deckungs-Beitrag db je St. × Einh.
I	250,00	120,00	130,00	20	3	390,00 EUR
II	350,00	150,00	200,00	30	2	400,00 EUR
III	200,00	110,00	90,00	10	6	540,00 EUR

Die Produkte wären hier nach folgender Reihenfolge herzustellen, wenn man nach dem relativen Deckungsbeitrag geht: III/II/I.

Die absolute Preisuntergrenze

Die variablen Kosten je Stück bilden die absolute Preisuntergrenze, zu der ein Produkt verkauft werden darf. Würde in Notzeiten zu diesem Preis verkauft, so könnten das Material und die Löhne bezahlt werden. Der Betrieb könnte damit weiterlaufen. Bei der langfristigen Preisuntergrenze müssten die Fixkosten zusätzlich gedeckt sein.

Der Vorteil der Kostentrennung liegt also darin, dass ein Unternehmen bei der Vergabe von Angeboten, z. B. für größere Projekte, die Preisuntergrenze bestimmen kann.

Der S-förmige Verlauf der Gesamtkosten

Die Gesamtkosten laufen in Betrieben nicht immer gleichmäßig (proportional) entsprechend der Beschäftigung. So haben die

Fixkosten verteilt auf größere Ausbringungsmengen einen degressiven Verlauf, denn die variablen Kosten können sich durch Preisanstiege verändern. Bei zusätzlichen Aufträgen fallen zudem Mehrarbeit und Lohnzuschläge an. Durch die Nutzung weiterer Maschinen oder Gebäude kommt es zu sprungfixen Kosten.

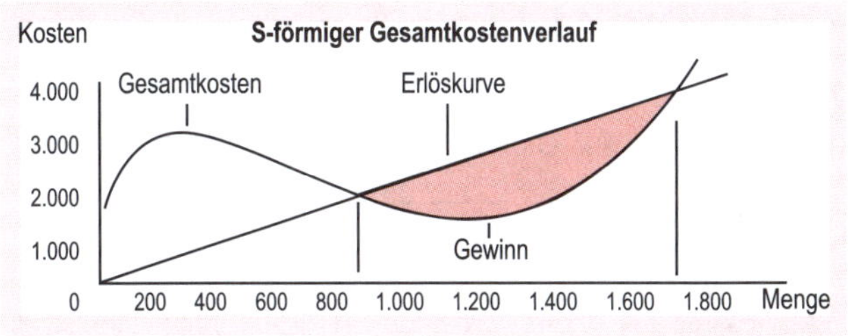

Gesamtkostenverlauf

Bei diesem Beispiel schneidet die Gesamtkostenkurve die Erlöskurve gleich zweimal. Die Kostendeckung liegt bei ca. 900 und bei ca. 1.700 Stück. Der zweimalige Break-Even-Point zeigt, dass der Gewinn bei 900 Stück gleich Null ist und die Grenze der Kapazität bei ca. 1.700 Stück liegt. Ein weiterer Auftrag ist dann nicht mehr lohnend. Der größte Gewinn ist dort, wo der »Bauch« nach oben am dicksten ist.

Vollkosten versus Teilkosten

Unternehmen, die keine Teilkostenrechnung haben, wenden die Vollkostenrechnung an. Hierbei werden sämtliche Kosten unabhängig von deren Verursachung auf den Kostenträger verrechnet. Die Probleme, die eine Vollkostenrechnung mit sich bringt, zeigen sich in folgendem Beispiel.

BEISPIEL:

Ein Unternehmen stellt die Artikel A, B, C und D her. Die variablen Kosten sind hier zum besseren Vergleich bei allen Artikeln gleich und betragen jeweils 200 EUR.

Berechnet man sowohl nach der Vollkostenrechnung als auch nach der Teilkostenrechnung, ergibt sich folgender Vergleich:

Vollkostenrechnung				
Artikel:	A	B	C	D
Variable Kosten	200	200	200	200
+ fixe Kosten	120	40	300	400
= Vollkosten	320	240	500	600
– Erlös	400	330	530	580
= Gewinn auf Vollkostenbasis	80	90	30	- 20

Deckungsbeitragsrechnung				
Artikel:	A	B	C	D
Erlös	400	330	530	580
– variable Kosten	200	200	200	200
= Deckungsbeitrag I oder Stückdeckungsbeitrag (db)	200	130	330	380

> Der Stückdeckungsbeitrag wird mit »db« und der Gesamtdeckungsbeitrag mit »DB« in der Kosten- und Leistungsrechnung angezeigt.

Nach der Vollkostenrechnung ist das Produkt D verlustbringend. Die Teilkostenrechnung besagt, dass dieser Artikel den höchsten Deckungsbeitrag hat. Es wäre also falsch, den Artikel D zu eliminieren. Mögliche Ursache der hohen Fixkosten könnte sein, dass dieser Artikel in einer neuen Halle mit/oder neuen Maschinen produziert wird.

Anhand dieses Beispiels wird sicher klar, wie wichtig eine aussagefähige Kosten- und Leistungsrechnung ist. So werden bei Planungen eines neues Absatzgebietes immer auch Kostenüberlegungen stattfinden. Dazu ein Beispiel:

BEISPIEL:

Die Kostenvergleichsrechnung: Ein Unternehmen möchte in einem anderen Bundesland ein neues Produkt anbieten. Dazu bedient es sich eines Handelsvertreters, der dort ansässig ist und somit den Kundenstamm aufbauen soll. Nach Einführung des Produktes will das Unternehmen einen Angestellten im Außendienst (Handlungsreisenden) einsetzen. Der Handelsvertreter bekommt 6 % Provision vom Umsatz. Der Handlungsreisende bekommt 2 % vom Umsatz und 1.600,00 EUR Fixum (Festgehalt). Bei welchem Umsatz sind beide kostenmäßig gleich? Das heißt, ab wann lohnt es sich den preiswerteren Angestellten einzusetzen?

Man könnte für die Lösung eine Gleichung ersten Grades mit X = Umsatz aufstellen, die nach X aufgelöst wird. Sie sieht so aus:

$(6 \times X) \div 100 = (2 \times X \div 100) + 1.600,00$ oder verkürzt

$6X \div 100 = (2X \div 100) + 1.600,00$

Da aber viele Schüler bzw. Teilnehmer in der Erwachsenenbildung schlecht mit Gleichungen umgehen können, bringe ich hier eine vereinfachte Lösung:

6 % - 2 % = 4 % Unterschied. Diese 4 % setze ich gleich 1.600,00 EUR und frage nach 100 %.

Also: (1.600 ÷ 4) × 100 = 40.000,00 EUR Umsatz

Bei 40.000 EUR Umsatz sind beide kostenmäßig gleich. Ab 40.001 EUR ist der Angestellte im Außendienst kostenmäßig günstiger. Er kennt den Produktionsablauf »seiner Firma« und kann so schneller auf Kundenwünsche reagieren. Probe: Setzen Sie die 40.000 EUR in die Ursprungsgleichung ein.

> Weitere Beispiele, Tabellen und Übungen zum Thema »Rechnungswesen« finden Sie unter http://mybook.haufe.de (Buchcode: TGA-HL12) zum kostenlosen Download.

Stichwortverzeichnis

Impressum

Bibliografische Information der Deutschen Nationalbibliothek
Die Deutsche Nationalbibliothek verzeichnet diese Publikation in der Deutschen Nationalbibliografie; detaillierte bibliografische Daten sind im Internet über http://dnb.dnb.de abrufbar.

Print: ISBN: 978-3-648-09627-7 Bestell-Nr.: 01000-0003
ePub: ISBN: 978-3-648-09628-4 Bestell-Nr.: 01000-0102
ePDF: ISBN: 978-3-648-09629-1 Bestell-Nr.: 01000-0152

Wolfgang Britt
Rechnungswesen kompakt
3. Auflage 2017

Redaktionsanschrift: Fraunhoferstraße 5, 82152 Planegg/München
Internet: www.haufe.de
E-Mail: info@haufe.de

Redaktion: Jürgen Fischer
Redaktionsassistenz: Christine Rüber

Lektorat: Helmut Haunreiter, Nicole Jähnichen

Satz und Druck: Beltz Bad Langensalza GmbH, 99947 Bad Langensalza
Umschlag: Kienle gestaltet, Stuttgart
Umschlaggestaltung: RED GmbH, 82152 Krailling

Der Autor

Wolfgang Britt

war lange Jahre als Buchhalter und Kostenrechner in Industriebetrieben tätig. Der Bürokaufmann und Diplom-Betriebswirt widmete sich nach einem Zusatzstudium in Erwachsenenbildung der Tätigkeit als Dozent. So war er als Fachlehrer und Gruppenleiter in der Berufsförderungswerk Hamm GmbH für die Umschulung von Erwachsenen zu Büro- oder Industriekaufleuten zuständig. Heute unterstützt er Berufsschüler und Teilnehmer von Meisterkursen mit seinem Wissen.

Weitere Literatur